ISW 15

Berichte aus dem Institut für Steuerungstechnik
der Werkzeugmaschinen und Fertigungseinrichtungen
der Universität Stuttgart

Herausgegeben von Prof. Dr.-Ing. G. Stute

H. Jetter

Programmierbare Steuerungen

Beitrag zur Struktur und zum Aufbau

Springer-Verlag
Berlin Heidelberg GmbH 1976

D 93

Mit 60 Abbildungen

ISBN 978-3-540-07884-5   ISBN 978-3-662-12808-4 (eBook)
DOI 10.1007/978-3-662-12808-4

Vorwort des Herausgebers

Das Institut für Steuerungstechnik der Werkzeugmaschinen und Fertigungseinrichtungen der Universität Stuttgart befaßt sich mit den neuen Entwicklungen der Werkzeugmaschine und anderen Fertigungseinrichtungen, die insbesondere durch den erhöhten Anteil der Steuerungstechnik an den Gesamtanlagen gekennzeichnet sind. Dabei stehen die numerisch gesteuerte Werkzeugmaschine in Programmierung, Steuerung, Konstruktion und Arbeitseinsatz sowie die vermehrte Verwendung des Digitalrechners in Konstruktion und Fertigung im Vordergrund des Interesses.

Im Rahmen dieser Buchreihe sollen in zwangloser Folge drei bis fünf Berichte pro Jahr erscheinen, in welchen über einzelne Forschungsarbeiten berichtet wird. Vorzugsweise kommen hierbei Forschungsergebnisse, Dissertationen, Vorlesungsmanuskripte und Seminarausarbeitungen zur Veröffentlichung.

Diese Berichte sollen dem in der Praxis stehenden Ingenieur zur Weiterbildung dienen und helfen, Aufgaben auf diesem Gebiet der Steuerungstechnik zu lösen. Der Studierende kann mit diesen Berichten sein Wissen vertiefen.

Unter dem Gesichtspunkt einer schnellen und kostengünstigen Drucklegung wird auf besondere Ausstattung verzichtet und die Buchreihe im Fotodruck hergestellt.

Der Herausgeber dankt dem Springer-Verlag für Hinweise zur äußeren Gestaltung und Übernahme des Buchvertriebs.

Stuttgart, im Februar 1972

Gottfried Stute

Inhaltsverzeichnis

                                                Seite

Vorwort   3

Schrifttum   7

Abkürzungen und Formelzeichen   12

1   Einleitung   17

2   Strukturen und Realisierungsmöglichkeiten von
Steuersystemen für Fertigungseinrichtungen   20

     2.1   Gliederung der Steuersystemaufgaben   20

     2.2   Steuersystemstrukturen, ihre Eigenschaften
und Vorzüge   24

     2.3   Elektronische Steuersystembausteine   27

     2.4   Mikroprogrammierung   33

3   Anforderungen der Programm- und Funktionssteuerung
und ihre Realisierung in programmierbaren Steuerungen   37

     3.1   Anforderungen der Funktionssteuerung und
ihre Realisierungsmöglichkeiten   37

     3.2   Anforderungen der Programmsteuerung und
ihre Realisierungsmöglichkeiten   39

     3.3   Vorzüge der Steuerungsrealisierung mit
programmierbaren Steuerungen   40

4   Entwicklungsgrundlagen programmierbarer Steuerungen   45

     4.1   Struktur und Anforderungen an die Komponenten
programmierbarer Steuerungen   45

     4.2   Hardware-Bausteine   51
         4.2.1   Stand der Halbleitertechnik   51
         4.2.2   Wesentliche Logikfamilien   52
         4.2.3   Speichertechnologien und -bausteine   57
         4.2.4   Mikroprozessoren   67

     4.3   Software-Komponenten   73
         4.3.1   Organisationsformen der Programmabarbeitung   73
         4.3.2   Mögliche Befehlskonfigurationen einzelsignal-
verknüpfender Steuergeräte und ihre Vorzüge   74
         4.3.3   Programmier- und Testhilfen   80

4.4 Hinweise zur Steuerprogramm-Erstellung für die logische Einzelbit-Verknüpfung 82

4.5 Wesentliche Geräteentwicklungen 87

4.6 Begründung einer eigenen Steuergeräte-Entwicklung 92

5 Entwicklung eines programmierbaren Steuergeräts mit Einzelbit-Verknüpfung 94

5.1 Erforderliche Ein- und Ausgaben bzw. Zwischenfunktionsspeicher 94

5.2 Bestimmung der Befehlsliste 95
5.2.1 Abfragebefehle 95
5.2.2 Verknüpfungsbefehle 96
5.2.3 Ausgabebefehle 99
5.2.4 Organisationsbefehle 99
5.2.5 Entwickelte Befehlsliste 99

5.3 Gerätestruktur und Arbeitsweise 102

5.4 Verknüpfer 105

5.5 Speicher und Steuerlogik 109

6 Erweiterung der programmierbaren Steuerung mit Einzelbit-Verknüpfung durch einen wortverarbeitenden Steuergeräteteil 112

6.1 Auswahl und Eigenschaften des wortverarbeitenden Prozessors 112

6.2 Kopplung der Prozessoren 114

6.3 Gesamtes Steuerungskonzept 116

6.4 Programmierung des Steuergeräts 119

7 Auswahl programmierbarer Steuergeräte 121

8 Ausgeführte Steuerungen 127

8.1 Sondermaschinensteuerung 127

8.2 Flexible Werkzeugplatzcodierung 130

8.3 Steuerung eines Hochregallagers 134

9 Zusammenfassung 140

Schrifttum

[1] Autorenkollektiv

Bausteine zur Erhöhung des Automati-
sierungsgrades im Fertigungsbereich.
Ind.-Anz. 96 (1974) 74, S. 1689...1695.

[2] Bartelt, L.
Behrens, D.
Walter, H.

Freiprogrammierbares Steuerungs-
system SIMATIC S 3.
Siemens-Z. 48 (1974) Beiheft
"Integrierte Bausteinsysteme SIMATIC"
S. 43...46.

[3] Bauer, E.

Beitrag zur Systematik und Auslegung
rechnergeführter Steuerungssysteme (DNC).
Stuttgart, Univ., Dr.-Ing.-Diss., 1975.

[4] Becker, D.
Mäder, H.

Hochintegrierte MOS-Schaltungen.
Verlag Berliner Union, Stuttgart
Verlag W. Kohlhammer, Stuttgart-
Berlin-Köln-Mainz 1972.

[5] Chroust, G.

Mikroprogrammierung: Eine Definition
auf Hardware-Basis.
Elektron. Rechenan. 16 (1974) H.2,
S. 49...52.

[6] Crook, C.
Krüger, A.
Becciolini, A.

CMOS Handbook
Motorola Inc., Phönix, Arizona, 1974

[7] Cushman, R. H.

The Intel 8080: First of the Second-
Generation Microprocessor
EDN Magazin, May 5 (1974), S. 30...36.

[8] DIN 44 300

Informationsverarbeitung.
Ausgabe März 1972.

[9] Döttling, W.

Rechnergestützte Überwachung und
Instandhaltung von Fertigungseinrichtungen.
Nicht veröffentlichte Studie.
Institut für Steuerungstechnik der Werk-
zeugmaschinen und Fertigungseinrichtun-
gen Universität Stuttgart, 1974.

[10] Fischer, K.-H.   Untersuchung der Aufgaben von Funk-
                            tionssteuerungen hinsichtlich der Reali-
                            sierung durch Rechner.
                            Nicht veröffentlichte Studienarbeit.
                            Institut für Steuerungstechnik der Werk-
                            zeugmaschinen und Fertigungseinrichtun-
                            gen Universität Stuttgart, 1973

[11] Frohman-   A fully decoded 2048-Bit electrically
      Bentchkowsky, D.   programmable FAMOS read-only-memory.
                            IEEE Journal of solid-state circuits,
                            VOL. SC-6 (1971) 5, S. 301...306.

[12] Ganzhorn, K.   Prinzipien in Rechnerstrukturen.
                            Elektron.Rechenanl.15 (1973) H.6,
                            S 263...269.

[13] Götz, E.   In numerische Steuerungen integrierte
      Mühlenkamp, I.   programmierbare Anpaßsteuerung.
                            wt-Z.ind.Fertig.64(1974)Nr.11,S.694...699.

[14] Graef, M.   Datenverarbeitung im Realzeitbetrieb.
      Greiller, R.   R. Oldenburg Verlag, München-Wien 1970.
      Hecht, G.

[15] Hackl, C.   Schaltwerk- und Automatentheorie I und II.
                            Walter de Gruyter Verlag, Berlin -
                            New York 1972.

[16] Herold, H.-H.   Die numerische Steuerung in der Fertigung.
      Maßberg, W.   VDI-Verlag, Düsseldorf 1971.
      Stute, G.

[17] Hesse, H. J.   COMSEQ, Programmiersprache für
                            sequentielle Steuerungen.
                            Telemecanique DTE Ratingen 1972.

[18] Holt, R. M.   Current Microcomputer Architecture.
      Lemas, M. R.   Computer Design (1974), Febr.,S. 66...73.

[19] Jetter, H.   Struktur und Einsatzgebiete programmier-
                            barer Steuerungen (PC).
                            Essen: Girardet-Verlag: HGF-Kurzberichte
                            (Lose-Blattsammlung) Blatt 74/70.

[20] Jetter, H.   Projektierung von Funktionssteuerungen.
                            Steuerungstechnik 6(1973) Nr.3,S.43...48.

[21] Jetter, H.   Zeitdiskrete Sollwertvorgabe an den
      Spieth, U.   Lageregelkreis.
                       wt-Z.ind.Fertig.64(1974)Nr.10,S.626...63

[22] Katholing, G.   Vollelektronische Waage in MOS-Technik.
                       Funkschau (1973) H.4, S. 107...110.

[23] Kleim, D.   Der Aufbau des Systems Procontic.
      Rempt, B.   BBC-Nachrichten (1973) H.8/9, S.200...20

[24] Knorr, E.   Die Struktur der Funktionssteuerung
                       unter Berücksichtigung des Einsatzes
                       von Halbleiterbausteinen (Teil 1).
                       Essen: Girardet-Verlag: HGF-Kurzberichte
                       (Lose-Blattsammlung) Blatt 72/16.

[25] Knorr, E.   Nicht veröffentlichte Untersuchung der
                       Struktur von Werkzeugmaschinensteuerunge.
                       Institut für Steuerungstechnik der Werk-
                       zeugmaschinen und Fertigungseinrichtun-
                       gen Universität Stuttgart, 1968.

[26] König, H.   Beitrag zur Strukturanalyse und zum
                       Entwurf von Steuerungen für Fertigungs-
                       einrichtungen.
                       Stuttgart, Univ., Dr.-Ing.-Diss., 1975.

[27] Kohn, G.   Impulstechnik I, II und III,
                       Vorlesungsmanuskript.
                       Universität Stuttgart, 1970/71.

[28] Lauber, R.   Prozeßautomatisierung I und II,
                       Vorlesungsmanuskript.
                       Universität Stuttgart, 1972/73.

[29] Lobigkeit, R.   Elektronische Maschinensteuerungen:
                       Universal- oder Funktionsgruppen-
                       Steckkarten.
                       Elektronik 1972, H.1, S. 21...23.

[30] Lotze, A.   Datenverarbeitung, Vorlesungsmanuskript.
                       Universität Stuttgart, 1970/71.

[31]   Low Power Schottky TTL Handbuch.
                       Texas Instruments, Deutschland, 1974.

[32] Michel, W.
     Pöhlmann, B.
     Schütz, H.
Freiprogrammierbares Steuersystem
SIMATIC S 4.
Siemens-Z. 47 (1974) Beiheft "Integrierte
Bausteinsysteme SIMATIC", S. 47...51.

[33] Müller, D.
Ist die Schützensteuerung noch zeitgemäß?
Elektrotechnik 54 (1972) H.23, S. 12...14.

[34] Neumann, J. v.
The computer and the brain.
Yale University Press,Inc.,New Haven 1958.

[35] Noyce, R. N.
     Bohn, R. E.
     Chua, H. T.
Schottky diodes make IC scene.
Electronics (1969) July 21, S. 74...80.

[36] Oliphant, J.
Designing with Intel's Static MOS RAMs.
Intel corp., Santa Clara. California, 1974.

[37] Reiner, H.
Die Technik des Ferritkernspeichers.
ETZ-A 86 (1965) H.2, S. 33...39.

[38] Schaffer, G.
Programmable Controllers.
Amer. Mach. 117 (1973) Nr.19, S. 120...125.

[39] Schmidt, G.
     Birck, H.
Die Bedeutung der Mikroprozessoren
für die Prozeßregelung.
Regelungstechnische Praxis (1974) H. 12,
S. 308...315.

[40] Schulte, D.
Kombinatorische und sequentielle Netzwerke.
R. Oldenburg, München-Wien 1967.

[41] Storr, A.
     Wilhelm, R.
Beitrag zur Systematik von Werkzeugwech-
selsystemen an automatisierten Werkzeugmaschinen.
wt-Z. ind. Fertig. 64 (1974) Nr.10, S. 619...625.

[42] Stute, G.
Bauelemente und Verfahren der
Steuerungstechnik.
VDI-Bericht 166, S. 129...138
Düsseldorf: VDI-Verlag, 1971.

[43] Stute, G.
Einführung in die Steuerungstechnik.
Vorlesungsmanuskript.
Universität Stuttgart, 1974/75.

[44] Stute, G.   Kostenstrukturen von Werkzeug-
                                 maschinensteuerungen .
                                 CIRP - Proceedings 3 (1974) Nr. 2,
                                 S. 133 ... 143 .

[45] Stute, G.   Programmierbare Steuerungen (PC)
      Jetter, H.   für Fertigungseinrichtungen.
                                 wt-Z.ind.Fertig.64(1974)Nr.11,S.657...665.

[46] Stute, G.   Steuerungssystem für ein flexibles
      Bauer, E.   Fertigungssystem.
                                 wt-Z.ind.Fertig.64(1974)Nr.3,S.157...160.

[47] Stute, G.   DNC-CNC-PC.Der Einsatz von Prozeßrech-
      Victor, H.   nern bei der Steuerung von Werkzeugmasch.
                                 wt-Z.ind.Fertig.63(1973)Nr.6,S.323...326.

[48] Swoboda, J.   Architektur und Struktur von Rechen -
                                 anlagen, Vorlesungsmanuskript.
                                 Universität Stuttgart, 1971.

[49]   The ERA quide to minicomputers.
                                 The Electrical Research Association.
                                 ISBN 095018425x 1972.

[50] Torrera, E. A.   Focus on Microprocessors.
                                 Electronic Design (1974) H. 18,
                                 S. 52...69.

[51] Uebe, F.   N-Channel MOS-Memories, new
                                 possibilities for Microprocessor Memory
                                 design.
                                 Microelectronics and Reliability, Vol.13,
                                 pp. 1...14. Permagon Press, 1974.

[52] Veith, P.   Der Rechteckferritkern als Speicher-
                                 element für Datenverarbeitungsanlagen.
                                 Elektronik Nr. 10 (1961), S.304...308.

[53] Wilkes, M. V.   The best way to design an automatic
                                 calculating machine.
                                 Manchester University, Computer
                                 Inaugural Conference 1951, S. 16...21.

[54] Wolfgarten, W.   Procontic - Ein neues System der
                                 BBC - Elektronik .
                                 BBC-Nachrichten (1973) H.8/9,
                                 S.197...199.

Abkürzungen und Formelzeichen

Generelle Abkürzungen

BCD	Binär Codierte Dezimalzahl
Byte	8 Bit
CCD	Charge Coupled Devices
CMOS	Complementary MOS
CNC	Computerized Numerical Control
CPU	Central Processing Unit
D-FF	Delay-Flip Flop
DMA	Direct Memory Access
DNC	Direct Numerical Control
DNF	Disjunktive Normalform
ECL	Emitter Coupled Logic
G	Geber
H	Handeingabe
HF	Hauptfunktion: logische Funktion, die den zu steuernden Vorgang direkt beeinflußt
KNF	Konjunktive Normalform
KR	Kleinrechner
LIFO	Last In First Out
LSI	Large Scale Integration
MNOS	Metal Oxide Nitride Semiconductor
MOS	Metal Oxide Semiconductor
MSI	Medium Scale Integration
n	Negativ (Elektronenleitung)
NC	Numerical Control (Numerische Steuerung)
p	Positiv (Löcherleitung)
PC	Programmable Controller (Programmierbare Steuerung)
PL-1	Programming Language 1
PL-M	An PL-1 angelehnte Programmiersprache

PROM	Programmable ROM
RAM	Random Access Memory
RFZ	Regalfahrzeug
ROM	Read Only Memory
S	Stellglied
SBD	Schottky Barrier Diode
SOS	Silicon on Saphir
SSI	Small Scale Integration
Stack	Datenkeller mit LIFO-Organisation
TF	Zeitfunktion: abfall- oder anzugsverzögerte Funktion
TTL	Transistor Transistor Logik
ZF	Zwischenfunktion: logische Verknüpfung, die intern gespeichert und mehrfach weiter verknüpft wird

<u>Eingeführte Abkürzungen</u>

A	Systemausgänge
AAO/AAL	Abfragebefehl Ausgabe absolut auf log. 0/L
AE	Adreßeingänge
AOU	Abschlußsignal ODER-UND
ARO/ARL	Abfragebefehl Ausgabe relativ auf log. 0/L
ARM	Ausgabe-Mehrfach-Abfragebefehl
AST	Ausgabe-Status
AUOO	Abschlußsignal UND ODER-ODER
AZH	Vierfach-Übergabebefehl Ausgabe BP zum WP
BKZ	Mögliche Bohrkopfzahl pro Werkstück
BP	Einzelbit-Prozessor
$D_0 \ldots D_7$	Daten-Bits
E	Eingänge
EAO/EAL	Abfragebefehl Eingabe absolut auf log. 0/L

ERM	Eingabe-Mehrfach-Abfrage
ERO/ERL	Abfragebefehl Eingabe relativ auf log. 0/L
EST	Eingabe-Status
EZH	Vierfach-Übergabebefehl Eingabe BP zum WP
F	Fehlverhalten
$f_0 \ldots f_4$	Zustände
f_{41}	Zwischenzustand
f_s	Zustandsfunktion
f_z	Ausgabefunktion
LVE	Einfach-Übergabebefehl links WP zum BP
LVH	Vierfach-Übergabebefehl links WP zum BP
NOP	Keine Operation
ODR	ODER-Verknüpfung
PED	Programm-Ende
PS	Palette schwenken
RVE	Einfach-Übergabebefehl rechts WP zum BP
RVH	Vierfach-Übergabebefehl rechts WP zum BP
S	Decodierter Setzbefehl
SAM	Setzbefehl absolut mit Abschluß
SAN	Setzbefehl absolut Nicht-Funktion
SPA	Sperren der Ausgabe
SRM	Setzbefehl relativ mit Abschluß
T_1 , T_2	Zeittakte
$Tü_1 \ldots Tü_3$	Übernahmetakte
UND	UND-Verknüpfung
UDO	UND ODER-Verknüpfung
V	Vorzeichen
WP	Wort-Prozessor
WSV	Benötigte Werkstück-Spann-Vorrichtungen
	für optimale Auslastung
$Y_1 \ldots Y_4$	Zustandsspeicher
ZAO/ZAL	Abfragebefehl Zwischenfunktion absolut auf log. 0/L

Formelzeichen

B	Vs/cm^2	Magnetische Induktion
b		Zählvariable
H	A/cm	Magnetische Feldstärke
I	A	Strom
K	Pfg/Bit	Speicherkosten
k		Zählvariable
l		Zählvariable
m		Zählvariable
$m_1 \ldots m_8$		Ganzzahlige Gewichtungsfaktoren
n		Zählvariable
$q_1 \ldots q_4$		Faktoren
R_K		Rechteckigkeitsverhältnis
S		Gegenwärtige interne Zustandsmenge
S'		Neue interne Zustandsmenge
$s_1 \ldots s_n$		Interne Zustände
S_B		Summe der Befehle
S_{Byte}		Summe der Speicherplätze in Byte
S_F		Summe der Funktionen
S_V		Summe der verknüpften Variablen bei minimaler Beschreibung
T_A	$°C$	Außentemperatur
t	Jahr	Zeit
t_{Byte}	μs	Verarbeitungszeit für ein Byte
t_u	s	Umlaufzeit eines Werkzeugspeichers
t_w	s	Einwechselzeit eines Werkzeugs
t_z	s	Zugriffszeit
t_{Zyk}	ms	Programmzykluszeit
Δt	ns	Zeitelement
U_B	V	Betriebsspannung
U_{BE}	V	Basis-Emitter-Spannung

$\emptyset$ (U)		Transfercharakteristik
u_1	μs	Wortzeit
u_2	Bit	Wortlänge
u_3		Zahl der Akkumulatoren und Indexregister
V_1		Leistungsparameter der arithmetischen Befehle
V_6		Leistungsparameter der Transportbefehle zur arithmetischen Verarbeitung
V_7		Leistungsparameter der Vergleichsbefehle
W_1		Leistungsparameter der Adressierungs- möglichkeiten
X		Eingabezeichen-Vorrat
$x_1 \ldots x_p$		Eingabezeichen
Y		Geschätzte Leistungsparameter der Zahl der Zyklen zur Befehlsausführung
Z		Ausgabezeichen-Vorrat
$z_1 \ldots z_q$		Ausgabezeichen

1 Einleitung

Steigende Lohnkosten, fortschreitender Mangel an Fach-
kräften und wachsender Konkurrenzdruck zwingen die Unternehmen,
gegenwärtige Verfahren in Frage zu stellen und nach wirtschaft-
licheren Methoden zu suchen.

In der Energie und Verfahrenstechnik ist ein automatischer Betrieb
der Produktionsanlagen weit verbreitet, dagegen wird in der
Fertigungstechnik überwiegend der Mensch zur Bedienung der
Fertigungseinrichtungen eingesetzt, von der Großserien- und Mas-
senfertigung abgesehen, wo es seit langem üblich ist, auf
ein Werkstück oder wenige ähnliche Werkstücke zugeschnittene
Fertigungsstraßen zu verwenden.

Eben hier in der Großserienfertigung gewinnt neben der Automatisierung die Flexibilität für kapitalintensive Fertigungseinheiten (z.B.
Transferstraßen) aus Gründen einer raschen Anpassung an veränderte
Marktsituation an Bedeutung. Gleichrangig neben mehr Automatisierung
steht die Forderung nach hoher Flexibilität auch im Bereich der
Fertigung kleiner bis mittlerer Serien. Das zur Führung einer
Fertigungseinheit eingesetzte Steuerungskonzept bestimmt entscheidend mit die Wirtschaftlichkeit und über die Veränderbarkeit
des Steuergeräts die Flexibilität.

Die Industrieelektronik mit dem Trend zur Miniaturisierung verbindet die notwendige Sicherheit der Steuergeräte mit einem ständig sich
verringernden Preis-Leistungs-Verhältnis. Damit ist es möglich,
leistungsstarke, leicht veränderbare Steuersysteme zu realisieren,
für die früher die technologische und wirtschaftliche Basis fehlte.

Für die automatische Fertigung von Einzelwerkstücken bis zu mitt-

leren Serien setzt sich seit etwa 10 Jahren zunehmend die numerische
Steuerung (NC) von Anfang an in elektronischer Ausführung durch.

Der Einsatz leistungsfähiger Klein- und Prozeßrechner in numerischen Steuerungen (CNC) ergab eine neue Generation, deren Vorzüge
in der Rechnerstruktur, insbesondere aber auch im leicht anpaßbaren
Steuerprogramm, liegen. Die Entwicklung von numerischen Steuerungen ist noch keinesfalls abgeschlossen. Sie erhält durch die steil ansteigende Entwicklung von Kleinrechnern, Mikroprozessoren sowie
der Zubehörgeräte laufend neue Impulse.

Die zur Anpassung der universell ausgelegten numerischen Steuerung
dienende und für die Bildung der Stellglied-Signale entsprechend den
speziellen Maschinenanforderungen notwendige Funktionssteuerung
sowie die meisten Sondermaschinen- und Transferstraßensteuerungen
sind bis heute überwiegend speziell auf die jeweilige Aufgabe zugeschnitten und in Kontaktlogik verwirklicht.

In den vergangenen Jahren entstand zur Vereinfachung der Projektierung und Realisierung dieser Steuerungen eine Reihe von Vor-
schlägen und Entwicklungen auf der Basis von Universal- und
Funktionsbausteinen. Ihre Auslegung ist gewöhnlich nur empirisch
auf bestimmte Steueraufgaben zugeschnitten, z.B. ausgehend von
der Signalanpassung bestimmbar, woraus sich ein eingegrenzter
wirtschaftlicher Einsatz dieser Entwicklungen ergibt.

Eine neue und grundsätzlich andere Art der Realisierung von Steuerungen besteht darin, die gewünschten Verknüpfungen in einen umprogrammierbaren Speicher einzugeben, der dann einem universellen
Steuergerät die spezielle Funktion gibt. Derartige Steuergeräte gewinnen insbesondere durch ihre hohe Anpaßungsfähigkeit zunehmend
an Bedeutung.

In dieser Arbeit sollen die Forderungen an diese programmierbaren Steuergeräte hinsichtlich der Flexibilität und ihrer Anpassung an die Steueraufgaben von Fertigungseinrichtungen aufgezeigt und analysiert sowie die wirtschaftlichen Einsatzbereiche programmierbarer Steuergeräte neben konventionellen bzw. rechnergeführten Steuerungen erarbeitet werden.

Weiteres Ziel dieser Untersuchung ist die Entwicklung einer auf die Steueraufgaben an Werkzeugmaschinen und Fertigungseinrichtungen abgestimmten programmierbaren Steuerung sowie eine Erweiterung dieses Steuergeräts über die logische Bit-Verknüpfung hinaus durch einen Zweitprozessor zur arithmetischen Wortverarbeitung.

2 Strukturen und Realisierungsmöglichkeiten von

Steuersystemen für Fertigungseinrichtungen

Die technologischen Anforderungen an Bearbeitungseinheiten und
ihre zunehmende Integration zu Fertigungssystemen bei möglichst
optimaler Ausnutzung verlangen eine immer größere Zahl an
Steuer- und Überwachungseinrichtungen. Mit zunehmender
Komplexität der Steuereinrichtungen rückt die Flexibilität
ihres inneren Aufbaus und die Zuverlässigkeit bzw. die Teilverfügbarkeit bei Störungen neben der hohen Automatisierung
in den Mittelpunkt der Betrachtungen. Es ist deshalb nützlich,
für die Analyse und den Entwurf von Steuerungen einige system-
technische Betrachtungsweisen und Methoden heranzuziehen.
Hierfür soll in einem ersten Schritt eine Gliederung der Steuersystemaufgaben aufgezeigt werden.

2.1 Gliederung der Steuersystemaufgaben

Unter einem System soll hier immer eine in sich geschlossene
Anordnung gekoppelter Einzelelemente verstanden werden, das
durch sein Verhalten, nicht durch seinen Aufbau bestimmt ist.
In der Systemtechnik ist die funktionale Aufgliederung der Steuersysteme unter zwei verschiedenen Blickwinkeln möglich. Nach
der ersten Methode kann die Gesamtfunktion auf eine Reihe nebeneinander liegender Aufgabenträger, die Kosysteme, verteilt werden. Die zweite versucht, die gesamte Funktion in untergeordnete
Einzelfunktionen aufzulösen. Träger dieser Funktionen sind die
Subsysteme.

Vom Informationsursprung bis zum Stellglied findet man in allen
Prozeßsteuerungen dieselben Funktionsbereiche. Im Hinblick auf

die Datenbreite und ihren Informationsgehalt, ihre Verarbeitungs-
funktion und ihren Rang innerhalb des Informationsflusses lassen
sich Steuersysteme in funktionale Ebenen (Subsysteme) einordnen
(Bild 2/1).

In der obersten Stufe erfolgt die Steuerdatenverwaltung. Hier werden technische Informationen aufgrund organisatorischer Anweisungen fast ausschließlich von einem Prozeßrechner im Realzeitbetrieb mit geschlossenem Wirkungskreis ausgewählt und an die Programmsteuerung weitergegeben. Die Datenverteilung bezieht sich
gewöhnlich auf eine Vielzahl von Arbeitsprogrammen für mehrere
Programmsteuerungen. Neben der Verteilung von numerischen
Steuerdaten in einem Steuersystem für Fertigungseinrichtungen
übernimmt diese Steuerebene häufig noch die Überwachung und
Kommunikation sowie die Aufbereitung von Betriebsdaten.

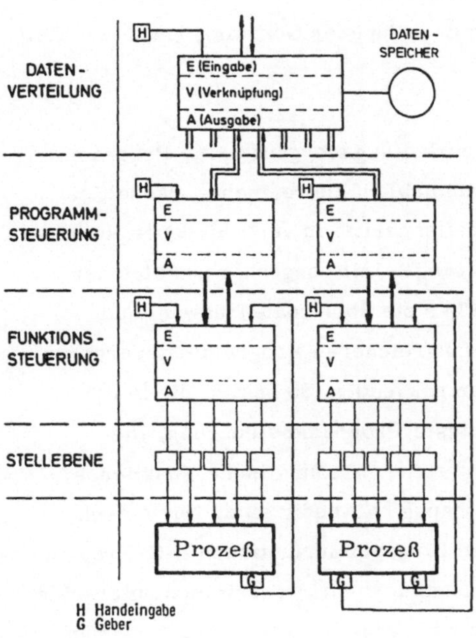

Bild 2/1: Funktionale Gliederung der Steuersystemaufgaben [42]

Die Programm- oder Funktionssteuerung soll nicht als Steuer-gerät sondern als Steuerverfahren verstanden werden, das von verschiedenen Steuerbausteinen je nach Anforderung erfüllt werden kann.

Die Programmsteuerung entnimmt einem Arbeitsprogramm jeweils einen definierten Programmpunkt und verarbeitet die in ihm enthaltene Information zu parallelen Funktionsbefehlen an die Funktionssteuerung.

Die Weginformation eines Arbeitsgangs kann in analoger Form, z.B. durch Kurvenscheiben bzw. Nockenpositionen, oder genauer und flexibler in zahlenmäßiger Form durch codierte Zeichen in einem digitalen Speicher abgelegt sein. Grundsätzlich werden die einzelnen Programmpunkte abhängig vom Erreichen verschiedener physikalischer Zustände und daraus abgeleiteter Weiterschaltbedingungen durchlaufen. Der nächste Programmschritt wird in Programmsteuerungen der Fertigungstechnik vom Erreichen der Sollposition und nur für Abläufe mit geringerer Genauigkeit von der Zeit bestimmt.

Für immer wiederkehrende Bearbeitungsvorgänge sind Programmsteuerungen mit festem Programmablauf ausreichend. Handelt es sich jedoch um bestimmte Arbeitsschritte in verschiedener Reihenfolge, so sind Programmsteuerungen mit vorgebbarer Folge der Programmpunkte notwendig. Über die Steuerdatenauswahl und -weitergabe hinaus sind in umfangreicheren Programmsteuerungen auch arithmetische Operationen notwendig. So besitzt die in der Fertigungstechnik wohl bekannteste Programmsteuerung, die numerische Steuerung, umfangreiche, arithmetische Funktionen, wie sie z.B. zur Korrekturrechnung notwendig sind. Numerische Steuerungen generieren aus den Eingabeinformationen (NC-Programmsätze) abhängig von den steuerungsinternen Programmen unterschiedliche Signale bzw. Signalfolgen an die unterlagerten Steuerebenen.

Die steuerungsinternen Programme konventioneller numerischer
Steuerungen sind festverdrahtet; in CNC-Steuerungen hingegen werden die internen Steuerabläufe bis auf wenige rechenintensive Abläufe per Software realisiert. Der nächste NC-Eingabedatensatz
wird nach Abarbeitung der Wegbefehle und ihrer lagegeregelten
Ausführung durch die Fertigungseinrichtung automatisch bzw. mit
dem Erreichen bestimmter Anlagezustände aufgrund von Rückmeldungen eingeleitet.

Die Funktionssteuerung bildet nach der Programmsteuerung die
unterste Steuerebene. Hier werden die von der Programmsteuerung
gelieferten Funktionsbefehle zusammen mit den Rückmeldungen
der Geber zu Stellsignalen verknüpft.

Eine Gliederung der Funktionssteuerung ist horizontal in die Ein-
und Ausgabeebene und die dazwischen liegende Verknüpfungsebene
sowie vertikal in die Maschinenfunktionen sinnvoll. Während Ein-
und Ausgabeelemente der Signalanpassung bzw. der galvanischen
Trennung dienen, werden in der Verknüpfungsebene die logischen
Operationen, wie die Decodierung von Steuerbefehlen und die
logische Verarbeitung von Einzelsignalen zu Maschinenfunktionen
durchgeführt.

Logische Funktionen, die unmittelbar Stellglieder ansteuern, sollen
hier unabhängig davon, ob sie kombinatorisch oder sequentiell entstehen, als Hauptfunktion bezeichnet werden. Nicht immer entsteht
eine Maschinenfunktion direkt aus den Eingangsvariablen, häufig
müssen Zwischenzustände durchlaufen werden. Diese Zustände werden als Zwischenfunktion abgespeichert, sie kennzeichnen zusammen
mit den Hauptfunktionen den sequentiellen Gehalt einer Steuerung
[24] .

Maschinenzustände werden vielfach nach ihrer Einleitung durch
Rückmeldungen von der Fertigungseinrichtung beeinflußt und überwacht. In einigen wenigen Fällen sind Rückmeldungen von der gesteuerten Anlage nicht oder nur sehr schwer ableitbar, wie z.B.
die ausreichende Führungsbahnschmierung oder das Freischneiden
des Werkzeugs, so daß neben den vorgestellten Funktionen noch
Zeitfunktionen in einer Funktionssteuerung benötigt werden [26].

Die Funktionssteuerung kann als steuerungstechnische Grundaus-
rüstung an Fertigungseinrichtungen angesehen werden, ihr Umfang
wird jedoch durch ihre Anpassung an die übergeordnete Programmsteuerung mit bestimmt.

Nach der Einzelfunktion sind die von der Steuerungsaufgabe nicht
mehr unabhängigen Funktionsgruppen die nächstgrößeren Einheiten.
Sie sind aus den genannten Funktionstypen aufgebaut und zeichnen
sich durch geringe Vermaschung mit anderen Funktionseinheiten aus.

Eine weitere Zusammenfassung verknüpfter Funktionsgruppen ergibt der Anlage zugeordnete Steuerteile und damit die anlagenbezogene
vertikale Struktur. Ihre Erarbeitung in einer klaren und kompromiß-
losen Form während der Entwurfs- und Projektierungsphase erhöht
die Übersichtlichkeit und erleichtert die Fehlersuche [43].

2.2 Steuersystemstrukturen, ihre Eigenschaften
und Vorzüge

Grundsätzlich können die Steueraufgaben zentral oder dezentral in
einer oder mehreren Ebenen ausgeführt werden. So lassen sich
viele unterschiedliche Aufgaben in einem universellen Steuergerät
angemessenen Umfangs ausführen. Jedoch wird in einem zentralen
Steuergerät trotz einer universellen Auslegung nur eine schlechte

Anpassung an das Aufgabenspektrum möglich sein, wodurch sich
der Steuerumfang auf Kosten der Übersichtlichkeit erhöht. Der
schwerwiegendste Nachteil eines zentralen Steuerungskonzepts
dürfte aber in dem Totalausfall liegen, der bei jeder Störung aus-
gelöst wird.

Dezentrale Steuersysteme in einer Ebene sind einfach im Aufbau
und besitzen zwangsläufig eine hohe Teilverfügbarkeit, jedoch ist
die Verkoppelung der Steuerbausteine nur über eine Bedienperson
möglich.

Hierarchische Mehrebenensteuersysteme besitzen dagegen die
Möglichkeit der automatischen Koordinierung des zu steuernden
Prozesses. Die Anpaßbarkeit der Steuerbausteine an die Steueraufgaben erhöht sich mit der Dezentralisierung in den Steuerebenen.
Einerseits steigt damit die Teilverfügbarkeit, die Flexibilität und
die Leistungsfähigkeit an, andererseits wächst damit auch der In-
formationsaustausch zwischen den dezentralen Steuerbausteinen [28] .
Eine Gegenüberstellung hinsichtlich Investitionskosten, Teilverfügbarkeit bei Störungen, Leistungsfähigkeit und Flexibilität der zentralen und dezentralen Informationsverarbeitung in Ein- und Mehr-
ebenenstruktur zeigt Tabelle 2/1.

Danach sind Steuersysteme mit abgrenzbaren, möglichst autonomen
Teilsystemen in hierarchischer Struktur anzustreben. Begründet in
der Änderungsfreundlichkeit, der hohen Teilverfügbarkeit und der
großen Flexibilität sollte eine Informationsverarbeitung immer so
dezentral wie möglich und so zentral wie notwendig angestrebt werden.

Durch die Vielzahl von Einflußgrößen und ihre häufig nur näherungs-
weise mögliche Beschreibung sind analytischen Planungsmethoden
enge Grenzen gesetzt. Die Simulationstechnik wird hier in zunehmen-
dem Maße, insbesondere zur differenzierten Analyse dynamischer

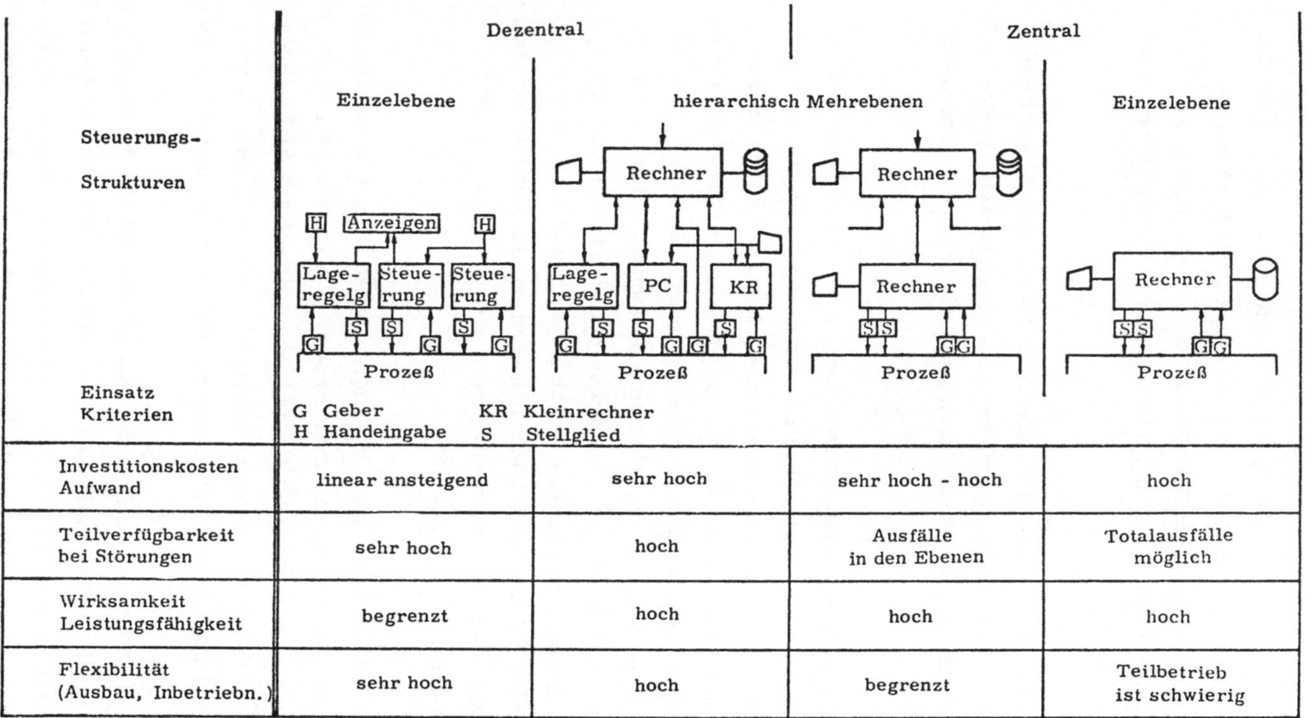

Einsatz Kriterien	Einzelebene	hierarchisch Mehrebenen		Einzelebene
Investitionskosten Aufwand	linear ansteigend	sehr hoch	sehr hoch - hoch	hoch
Teilverfügbarkeit bei Störungen	sehr hoch	hoch	Ausfälle in den Ebenen	Totalausfälle möglich
Wirksamkeit Leistungsfähigkeit	begrenzt	hoch	hoch	hoch
Flexibilität (Ausbau, Inbetriebn.)	sehr hoch	hoch	begrenzt	Teilbetrieb ist schwierig

Tabelle 2/1: Einsatzkriterien verschiedener Steuerungs-Strukturen [28]

Probleme, eingesetzt. Dabei wird vom nachzubildenden System ein
Modell in Form eines Rechnerprogramms erstellt und dessen Verhalten auf dynamische Anforderungen untersucht [3, 21, 46] .

2.3 Elektronische Steuersystembausteine

Neben den konventionellen, durch ihren Aufbau auf eine bestimmte
Funktion programmierten Steuerbausteinen haben sich in jüngster
Zeit vermehrt speicherprogrammierte Steuereinheiten durchgesetzt.
Der Grund liegt einerseits in der Verfügbarkeit von hochintegrierten
Rechnerbausteinen moderner Halbleitertechnologien und andererseits
in ihrer höheren Flexibilität.

In Bild 2/2 sind die Programmierungs-Möglichkeiten der Verknüpfungen zusammengefaßt.

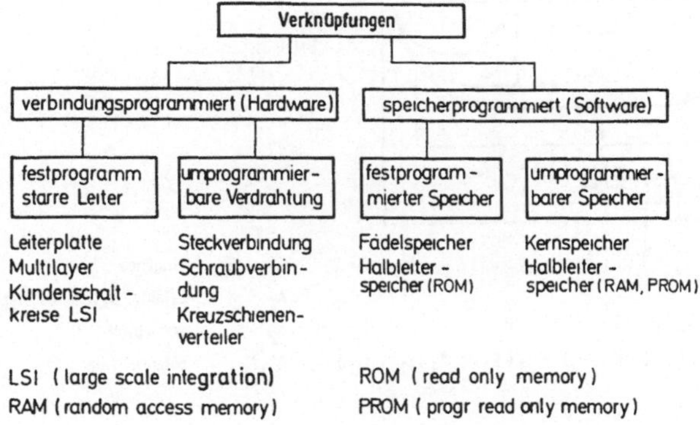

Bild 2/2: Programmierungs-Möglichkeiten der Verknüpfungen in
den Steuerebenen

Ein grundlegender Schritt zur Vereinheitlichung des Steuerungsaufbaus gelang mit hybriden Logikbausteinen. Damit waren die hohe Schaltgeschwindigkeit und die unbegrenzte Schalthäufigkeit elektronischer Bauelemente für die Verknüpfungsebene mit der Potentialtrennung und dem großen Schaltvermögen eines Ausgabekontakts vereint [25]. Schwierigkeiten bereitete neben der aufwendigen Realisierung der Verknüpfungsebenen mit diskreten Halbleiterbauelementen die Anpassung der Bausteinfunktion an die Steueraufgabe in der Logikebenen-Zahl und der verknüpfbaren Eingabesignale pro Ebene (Bild 2/3). In diskreter Technik, wo ohnehin nur eine begrenzte Anzahl an Gatterfunktionen in einem Baustein Platz findet, ist es wirtschaftlich, wenn eine geringe Zahl unterschiedlicher Elemente -sogenannte Universalbausteine- in großer Stückzahl ausreichen.

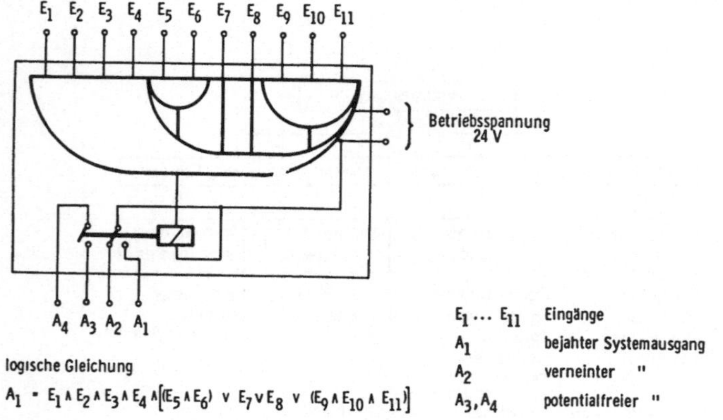

Bild 2/3: Hybrider 3-Ebenen Logikbaustein [25]

Verbesserte Aufbaumöglichkeiten ergeben sich bei der heute weitverbreiteten Steuerungsrealisierung mit integrierten Schaltkreisen.
So finden bei der Verwendung höher integrierter Elemente, wie
Zähler, Schieberegister oder Addierer, ganze Funktionsgruppen
auf einer Leiterplatte Platz. In dieser Funktionskarten-Technik aufgebaute Steuerungen besitzen die Vorzüge der geringen Rahmenverdrahtung und schnellen Fehlerortung gegenüber Universalkarten [29].

Sind neben immer fest in einer Steuerung eingebauten Funktionen
auch anzupassende Steuerabläufe notwendig, so werden Funktions-
bausteine zusammen mit Universalkarten sinnvoll, da Funktionsbau-
steine durch die Rahmenverdrahtung an die Steueraufgabe anpaßbar
sind.

Durch die Verbindung der Bausteine programmierte Steuerungen
(Bild 2/2) haben sich, insbesondere auf geätzten Leiterplatten für
Steuerungen, die unverändert in größerer Stückzahl realisiert werden, durchgesetzt. Eine für geringe Änderung noch ausreichende
Flexibilität bieten Wickel- oder Crimpverbindungen bzw. Steckleitun-
gen. Andererseits entstehen nicht selten Steuerungsausfälle aufgrund
der schlechten Kontaktgabe änderbarer Verbindungen.

Seit der numerischen Steuerung als Programmsteuerung für Werkzeugmaschinen der Durchbruch gelang, besteht das Bedürfnis, auch
die wegen ihrer Vielfältigkeit in numerische Steuerungen nicht auf-
genommene Funktionssteuerung in einer standardisierten und möglichst elektronischen Form zu realisieren.

In einer ähnlichen Situation sahen sich die Entwickler von Programm-
und Funktionssteuerungen für Sondermaschinen und Transferstraßen.
Für sie bestand bisher, bedingt durch die wenigen auf den Anwendungsfall zugeschnittenen Steuerungen, kaum Hoffnung für eine rationellere
Steuerungserstellung.

Nachdem hochintegrierte Rechnerbausteine die schaltungstechnischen Voraussetzungen für die Entwicklung programmierbarer Steuerungen erfüllen, werden Steuergeräte für diese Anwendungen mit hoher Anpassungsfähigkeit an die Art, den Umfang und die in der Praxis häufig zu erwartenden Änderungen der Steueraufgabe wirtschaftlich.

Programmierbare Steuerungen bieten besonders im Bereich mittlerer bis umfangreicher logischer Steuerungen eine neue und grundsätzlich andere Möglichkeit der Realisierung von Steuerungen. Sie besteht darin, die gewünschte Verknüpfung in einen Programmspeicher einzugeben, der dann einem universellen Gerät die spezielle Funktion gibt. Die Bezeichnung dieser Geräte mit "programmierbarer Steuerung", auch firmenneutral "PC" von "programmable Controller" abgeleitet, ist leicht verwechselbar mit dem Begriff "Programmsteuerung", ohne mit diesem in Beziehung zu stehen [47]. Der Grund liegt in der Doppeldeutigkeit des Wortes Programm. Ein Programm kann einerseits eine Folge von Bearbeitungsanweisungen, z.B. ein Werkstückprogramm, und andererseits die Verknüpfungsvorschrift von Bearbeitungsanweisungen zu Ausgabesignalen sein.

Die Programmsteuerung entnimmt aus dem Anweisungsspeicher einen definierten Programmpunkt und generiert die zu diesem gehörigen Funktionsbefehle, die in der Funktionssteuerung verknüpft zu jeweils anderen Betriebszuständen der gesteuerten Maschine führen. Eine programmierbare Steuerung hingegen ist ein universelles Steuergerät, dessen Verarbeitungsvorschrift durch das Steuerprogramm festgelegt und prinzipiell als Funktions- oder Programmsteuerung einsetzbar ist.

Auf logische Operationen zugeschnitten, bieten programmierbare Steuerungen die Vorteile einer einfach zu handhabenden problemangepaßten Programmierung. Damit ergibt sich sowohl für Einzelan-

wendungen als auch für Anlagen mit hoher logischer Variablenzahl
und mittlerem Verknüpfungsgrad eine Alternative zur herkömm-
lichen verbindungsprogrammierten Realisierungstechnik.

Für die Datenverteilung in Steuersystemen, wie die Überwachung
und Optimierung von Fertigungsvorgängen, setzte sich der Prozeßrechner auch in der Fertigungstechnik ausgehend von der Energie-
und Verfahrenstechnik durch. Die bekanntesten Anwendungen sind
rechnergeführte numerische Steuerungen (CNC, DNC) sowie Steuer-
und Überwachungseinheiten flexibler Fertigungssysteme.

Die Architektur von Prozeßrechnern ist wie die anderer digitaler
Rechenanlagen auf die wortparallele Verarbeitung von Daten zugeschnitten. Ihr Einsatz wird um so effektiver, je höher die Informationsdichte der verarbeiteten Worte ist. Sollen wie in prozeßnahen
Steuereinheiten viele einzelne Signale verriegelt, einfache Meldungen
decodiert oder codiert bzw. kleine Steuerfolgen realisiert werden, so
ist die wortparallele Verarbeitung der Information umständlich und
sehr speicherplatzintensiv gegenüber der bitweisen Verarbeitung
programmierbarer Steuerungen. In den letzten Jahren wurden aus
diesem Grund von einigen Prozeßrechner-Herstellern Interpretations-
programme entwickelt, die es ermöglichen, auch einfache Steueraufgaben ohne hohen Speicheraufwand mit einem Prozeßrechner zu ver-
arbeiten. Die Abarbeitung der einzelnen Steuerbefehle durch das
Interpretationsprogramm erfolgt nun in Vielfachem der Wortzeit
des verwendeten Rechners. Für zeitkritische Steuervorgänge ist
deshalb eine besondere, die Erstellung des Steuerprogramms kompli-
zierende Anpassung notwendig [1, 17, 32].

Heute liegt es nahe, insbesondere durch die Verfügbarkeit leistungs-
fähiger Mikroprozessoren in Byte-Struktur und programmierbaren
Steuerungen mit Einzel-Bit-Verarbeitung, eine speicherprogrammierte
Steuereinheit zu entwickeln, die eine effektive Wortverarbeitung von

Realisierbare Steueraufgaben	große Stückzahl		mittlere·bis kleine Stückzahl bzw. anpaßbare Sondersteuerungen		
	log. Verknüpfungen	log. und arith. Verknüpfungen	log. Verknüpfungen	log. und arith. Verknüpfungen	
Programmierung	Verbindungsprogrammiert		Speicherprogrammiert		
Aufbau	-einfache log. Ver-knüpfungsglieder -Zeitglieder -Universalbausteine bzw. -karten	-Funktionseinheiten Zähler, Codeum-setzer, Rechen-werke, Kunden-schaltkreise -Signalanpassung -Funktionskarten	-programmierbare Steuerung Verknüpfer störsichere Speicher (PROM, RAM) digitale Ein- und Ausgaben	-Prozeßrechner Zentraleinheit oder Mikropro-zessor digitale Ein- und Ausgabe -angepaßtes Be-triebssystem u. Interpretations-programm	-Prozeßrechner mit Standardperi-pherie -Betriebssystem u. umfangreiche Software
Signal-Verarbeitung	-geringe Ver-arbeitungsge-schwindigkeit	-hohe interne Ver-arbeitungsge-schwindigkeit	-zyklisch	-zyklisch oder unterbrechungs-gesteuert	-unterbrechungs-gesteuert -zyklisch
Anwendung	-prozeßnahe log. Steuerung -geringe Ver-arbeitungstiefe	-umfangreiche log.u.arith. Steuerungen -große Ver-arbeitungstiefe	-mittlere prozeßnahe log. Steuerungen	-umfangreiche log. u. arith. Steuerungen	-umfangreiche Steuerdatenver-arbeitungen

Tabelle 2/2: Elektronische Steuerbausteine

Daten großer Informationsdichte neben prozeßnahen Steuersignalen
erlaubt. Ein derartiges Steuersystem zu entwickeln, ist u.a. Ziel
dieser Arbeit.

Die aktuellen elektronischen Steuerbausteine sowie ihre Eigenschaf-
ten und Einsatzbereiche von der festverdrahteten Steuerung für
Steueraufgaben mit geringem logischem Gehalt bis zur Prozeß-
steuerung hoher Flexibilität sind in Tabelle 2/2 zusammengestellt.
Anhand dieser Zusammenstellung ist es möglich, für eine gegebene
Anforderung die geeigneten Steuersystembausteine auszuwählen.

2.4 Mikroprogrammierung

Die in diesem Abschnitt aufgezeigte Mikroprogrammierung moderner Rechner hat mit dem zentralen Thema dieser Arbeit, der Entwicklung programmierbarer Steuerungen für Fertigungseinrichtungen,
insbesondere die Problemanpassung im Bereich der Signalverknüpfung gemeinsam. In beiden Entwicklungen steht die in einer
leicht veränderbaren Funktionsprogrammierung liegende Erhöhung
der Flexiblität im Vordergrund. Der wohl entscheidendste Impuls
für ihre wirtschaftliche Realisierung kam ohne Zweifel von der
technologischen Seite durch die Verfügbarkeit hochintegrierter
Halbleiterbausteine.

Seit John von Neumann [34] werden die gewünschten Verknüpfungen
in einer Rechenanlage nicht mehr anhand von Steuersignalen aufgerufen, sondern als Information in Schreib-Lese-Speichern des Automaten gespeichert und dann von der Maschine interpretiert und
implementiert (Bild 2/4).

Diese erste Stufe informatorischer Steuerung wurde durch programmierbare Mikroprogrammschritte erweitert. Der im Arbeits-

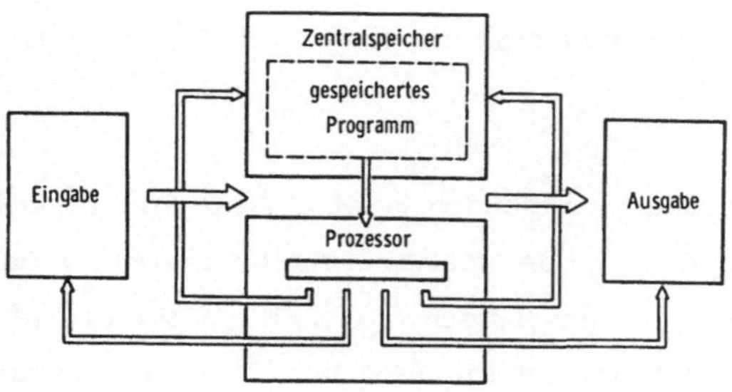

Bild 2/4: Informatorisch gespeichertes Programm [12]

speicher abgelegte Befehl bezieht sich hier nicht mehr auf eine
hardwaremäßig festverdrahtete Folge, sondern auf eine Reihe programmierbarer Elementarschritte, die in einem Mikroprogrammspeicher abgelegt sind (Bild 2/5). So wird das im Zentralspeicher
abgelegte Makroprogramm (Software) schrittweise anhand eines
veränderbaren Mikroprogramms ausgeführt [5].

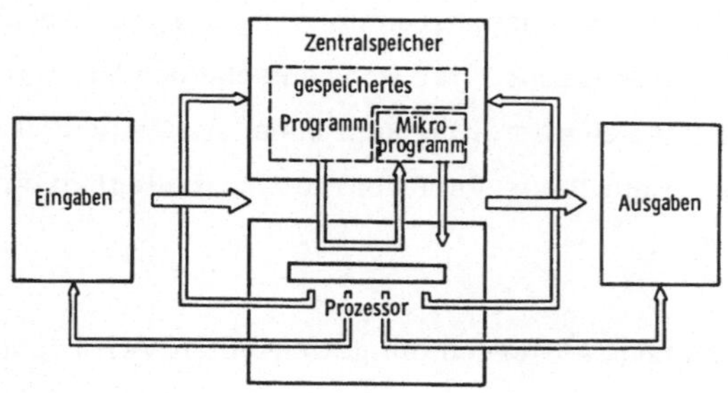

Bild 2/5: Informatorisch gespeicherte Funktion (mikroprogrammiert) [12]

Die innerhalb eines Maschinenzyklus benötigten Steuersignale für
eine mikroprogrammierte Zentraleinheit werden aus Bitmustern abgeleitet, die in Festwert- oder Schreib-Lese-Speichern abgelegt sind.

Der wesentliche und kostenbestimmende Bestandteil eines mikroprogrammierbaren Rechnerkerns ist der für eine kurze Maschinen-
zykluszeit benötigte sehr schnell lesbare Mikroprogrammspeicher.
Die Wortzahl dieses Speichers hängt von der Systemarchitektur, von
der Vielseitigkeit und Komplexität der Maschinenbefehle ab.Die Breite
des Mikrobefehlswortes wird jedoch von der Implementierung der
Zentraleinheit bestimmt. Die "Mikroprogrammierung" zum Entwurf
anwendungsorientierter Rechenanlagen wurde schon 1951 von M. V.
Wilkes [53] vorgeschlagen. Die Forderung, daß auf neuen Rechnern
auch die Software der abgelösten Rechner verwendbar sein muß,
verschaffte der Mikroprogrammierung erst ab 1965 eine breite Einführung in die dritte Rechnergeneration [30, 48] . Weitere Vorzüge
der Mikroprogrammierung stellten sich schnell heraus, insbesondere
daß die Befehlsstruktur eines Rechnersystems durch Änderung des
Mikroprogramms an spezielle Aufgaben leicht anpaßbar ist.

Durch die Entwicklung von Softwarehilfen für die Erstellung von
Mikroprogrammen ist es dem Anwender möglich, eigene Befehle neben
dem Standardbefehlsvorrat eines mikroprogrammierten Rechners
einzuführen. Ebenso läßt sich das Betriebssystem erweitern oder
sogar ein Compiler fest implementieren. Kurze Ausführungszeiten
durch angepaßte Befehle und die Vorteile einheitlicher Hardware-
komponenten für die Wartung begünstigen die Mikroprogrammierung
insbesondere für Großrechner gegenüber reinen Software- oder Hard-
warelösungen. Damit ist zwischen dem mit dem Oberbegriff "Software"
bezeichneten Programmiersystem und dem Gerätesystem oder "Hardware" eine Mikroprogrammierebene, auch "Firmware" genannt, entstanden (Tabelle 2/3).

Die Mikroprogrammierung muß bei der Entwicklung von programmierbaren Steuergeräten der Vollständigkeit halber mit betrachtet werden,
obwohl ihre Verwendung in angepaßten Steuergeräten nicht erforderlich
und unwirtschaftlich ist.

Spracheinteilung	Sprachebenen		Übersetzung in Maschinensp.	Beispiele und Bemerkungen
höhere Sprachen problemorientiert	Anwendungsorientierte Sprachen (zugeschnitten)	Software	$1 : q_4$	COBOL APT, EXAPT CPISS, SIMSCRIPT DYNAMO
rechnerunabhängig	prozedurorientierte [1)] Sprachen (allgemein)	Software	$1 : q_3$	FORTRAN ALGOL PL 1
niedere Sprachen maschinenorientiert	in Makros zusammengefaßte maschinenorientierte Programmsprache	Software	$1 : q_2$	Programmiererleichterung in symbolischer Prog. sprache
	maschinenorientierte Programmsprache	Software	$1 : 1$	symbolische Programmiersprachen (Assembler)
	Maschinensprache	Software	$1 : 1$	Bitmuster verschiedener Bedeutung
	Mikroprogrammsprache	Firmware	$q_1 : 1$	Bei modernen Rechnern zur Anpassung der Befehlsliste (emulieren)

[1)] irrtümlich auch als problemorientiert bezeichnet $q_1 \cdots q_4$ Faktoren > 1

Tabelle 2/3: Programmiersprachen [28]

3 Anforderungen der Programm- und Funktionssteuerung und ihre Realisierung in programmierbaren Steuerungen

Aus den spezifischen Anforderungen der Steueraufgaben von Programm- und Funktionssteuerung soll in diesem Kapitel eine angepaßte Realisierung durch programmierbare Steuergeräte abgeleitet und ihre Vorzüge dargestellt werden.

3.1 Anforderungen der Funktionssteuerung und ihre Realisierungsmöglichkeiten

In der Funktionssteuerung werden nach Abschnitt 2.1 aus den Funktionsbefehlen der Programmsteuerung oder von Hand gegebenen Funktionsbefehlen die Stellsignale unter Berücksichtigung der Rückmeldungen generiert.

Die Eingabesignale können von der Ausgabe der übergeordneten Programmsteuerung, der Handeingabe, den Rückmeldungen der Stellglieder oder den Signalgebern der Maschine stammen. Um die Gebersignale auf einem höheren Signalpegel störungsfrei zu übertragen und ihre Form und Amplitude an die Verknüpfungslogik anzupassen oder ggf. eine schnelle Signalübergabe aus der übergeordneten Programmsteuerung zu ermöglichen, ist eine Eingabeebene notwendig.

In der Verknüpfungsebene steht die Einzelsignal-Verarbeitung zu sequentiellen und kombinatorischen Schaltfunktionen im Vordergrund. Neben der Bildung von Schaltfunktionen sind Decodieraufgaben wesentlicher Bestandteil der Funktionssteuerungen. Für die Signalbildung werden außer den logischen Verknüpfungen UND, ODER bzw. NICHT auch Zeitfunktionen in einer leicht einstellbaren Form benötigt. Die Beschreibung der Steueraufgabe erfolgt üblicherweise an die

Realisierung angelehnt im Stromlauf- und Logikplan.

Große Schwierigkeiten hinsichtlich einer Vereinheitlichung der Steuerbausteine für Funktionssteuerungen bereitet außer der in Abschnitt 2.3 aufgeführten Anpassung der Bausteine an die Steueraufgabe auch die unterschiedliche konstruktive Lösung der jeweiligen Fertigungseinrichtungen.

Die Ausgabeebene der Funktionssteuerung dient der Signalverstärkung zur direkten Ansteuerung der Stellglieder, wobei wichtige Ausgabesignale ihrerseits möglichst nahe dem Stellglied oder das Stellglied selbst durch Rückmeldesignale überprüft werden.

Eine Vereinheitlichung des Steuergeräteaufbaus läßt trotz der unterschiedlichen Steueraufgaben eine speicherprogrammierte Steuereinheit angepaßt an die Verknüpfungsaufgaben zu.

Für die optimale Realisierung der Funktionssteueraufgaben in einer programmierbaren Steuerung ist einerseits eine strukturelle Anpassung in der Signalein- und -ausgabe wie in der Signalverknüpfung notwendig, andererseits empfiehlt sich die Abstimmung der Befehlsstruktur auf die Beschreibung von sequentiellen und kombinatorischen Schaltfunktionen aus dem Kontakt- oder Logikplan bzw. der Boole'schen Gleichung. Eine Abstimmung der Befehlsliste auf die Realisierung nur geringfügig vermaschter Funktionsgruppen und die einfache Decodierung von BCD-Signalen ist im Hinblick auf ein wirtschaftliches Steuergerät wünschenswert. Darüber hinaus müssen auch Zeitfunktionen über Zähler in der Zentraleinheit realisierbar oder als Zeitstufen den Ausgaben zugeordnet enthalten sein.

3.2 Anforderungen der Programmsteuerung und ihre

Realisierungsmöglichkeiten

Unter der Programmsteuerung wird in Abschnitt 2.1 eine Einrichtung verstanden, die aus einem gespeicherten Arbeitsprogramm jeweils einen definierten Programmpunkt entnimmt und daraus eine Folge parallel auszugebender Maschinenfunktionen erzeugt. Geht man von einer Arbeitsprogramm-Speicherung in digitaler Form durch codierte Zeichen aus, so ist eine Wort- statt einer Einzelbit-Verarbeitung sinnvoll.

Häufig ist ein Arbeitsprogramm nicht linear zu durchlaufen, da über Zyklen (Unterprogramme) sich die Programmspeicherkapazität reduzieren läßt oder es sind selbst je nach Steuerablauf bestimmte Programmteile auszuwählen, so daß bedingte und unbedingte Sprunganweisungen in einer Programmsteuerung erforderlich werden. Sollen die Arbeitsprogramme von einem externen Träger oder von der übergeordneten Datenverteilung aufgenommen werden, dann ist neben einer parallelen Ausgabe der Maschinenfunktionen auch eine zeichenweise Eingabe notwendig. Aufgrund sich verändernder Parameter sind für Positionieraufgaben oft Korrekturrechnungen und damit arithmetische Funktionen wichtig.

Da in einem Kleinrechner eben diese Forderungen in idealer Weise erfüllt sind, haben sich durch einen Digitalrechner realisierte Programmsteuergeräte für umfangreiche Aufgaben und Sondersteuerungen durchgesetzt. Die wohl bekannteste Anwendung dürfte die CNC-Steuerung sein.

Für eine Reihe von Steueraufgaben werden neben den logischen Verknüpfungen des Funktionssteuerbereichs einfache Arithmetikfunktionen für Positionieraufgaben benötigt. Darüber hinaus ist für die

Organisation und Optimierung verschiedener Steuerabläufe eine
Listenführung wünschenswert, wie z.B. für die Steuerung und Überwachung von Auswahl- und Transporteinrichtungen. Für Steueraufgaben mit umfassender Informationsverarbeitung wie sie hier vorliegen, sind programmierbare Steuerungen, deren Vorzüge gerade
in der Einzelsignal-Verarbeitung liegen, ungeeignet, so daß auch
für den prozeßnahen Steuerbereich eine wortverarbeitende neben
einer einzelsignalverknüpfenden Steuereinheit notwendig ist.

Für die Realisierung oder Erweiterung eines programmierbaren
Steuergeräts durch einen wortverarbeitenden Prozessor stehen
derzeit Mikroprozessoren mit einem beträchtlichen Befehlsvorrat,
peripheren Bausteinen und Software-Hilfen zur Verfügung. Diese
Prozessoren besitzen häufig zur Verbesserung der Realzeit-Eigenschaften einen Unterbrechungs-Betrieb (Interrupt-Verwaltung).
Die Programmierung erfolgt üblicherweise aus dem Flußdiagramm
mit Hilfe eines maschinenorientierten Übersetzers (Assembler).

3.3 Vorzüge der Steuerungsrealisierung mit programmierbaren Steuerungen

Programm- und Funktionssteuerungen wurden bisher meist
speziell auf die Aufgabe zugeschnitten und mit Schrittschaltwerken
oder Kontaktlogik bzw. elektronischen Bausteinen realisiert. Eine
wesentlich flexiblere Realisierungsmöglichkeit dieser Steueraufgaben bieten programmierbare Steuergeräte, indem sie alle
steuerungsinternen Vorgänge in eine zeitliche Folge von Einzel-
handlungen auflösen. Dadurch ist es möglich, die logischen Verknüpfungen zu zentralisieren und ihre Folgen in einem Programm-
träger abzulegen sowie den Datentransport aller Baugruppen unter-
einander in ein festes Format zu bringen.

Programmierbare Steuerungen sind durch die schnelle Veränderungs-
möglichkeit des Steuerprogrammes und die einfache modulare Erweiterung der Ein- bzw. Ausgaben sowie des Programmspeichers
an neue Steueraufgaben leicht anpaßbar, z.B. wenn die gesteuerte
Fertigungseinrichtung nicht mehr benötigt wird oder, wie in der
Mittel- und Großserienfertigung üblich, eine Maschine mehrere
gleichartige, jedoch verschiedene Teile bearbeitet.

Einfach zu bedienende Programmier- und Testgeräte mit Bildschirm,
die während der Erstellungs- und Testphase an das Steuergerät gekoppelt sind, oder Programmier- und Testhilfen über Kleinrechner ver-
einfachen die Erstellung, das Austesten und die Korrektur der
Steuerprogramme.

Während der Inbetriebnahme von Fertigungseinrichtungen bemerkt
man fast immer, daß der Steuerablauf nicht vollständig durchdacht
oder Verknüpfungen ganz vergessen wurden, was meist zu einer
Kette von Änderungen an der Steuerung führt. In konventionellen
Steuerungen sind diese notwendigen Zusätze und Abänderungen
schwierig zu realisieren. Oft reicht der Platz im Steuerungsrahmen
nicht mehr aus, um zusätzliche Bauelemente unterzubringen. Die
Folge sind unübersichtliche, erzwungene Lösungen. Wird eine programmierbare Steuerung eingesetzt, so können Änderungen leichter
durch Anhängen oder Einschieben von Befehlen an das Steuerprogramm
berücksichtigt werden.

Ein weiterer, wesentlicher Vorteil ist, daß programmierbare
Steuerungen unabhängig von ihrer späteren Verwendung in einer
Serienfertigung rationell im voraus gebaut und getestet werden können. Die Wartung und Störungsbehebung ist darüber hinaus einfacher,
wenn mehrere, völlig gleiche Steuergeräte verwendet werden, als die
gleiche Anzahl unterschiedlicher verdrahtungsprogrammierter
Steuerungen.

Die Vorteile dieser neuartigen Steuerungen sind in Bild 3/1 zusammengefaßt.

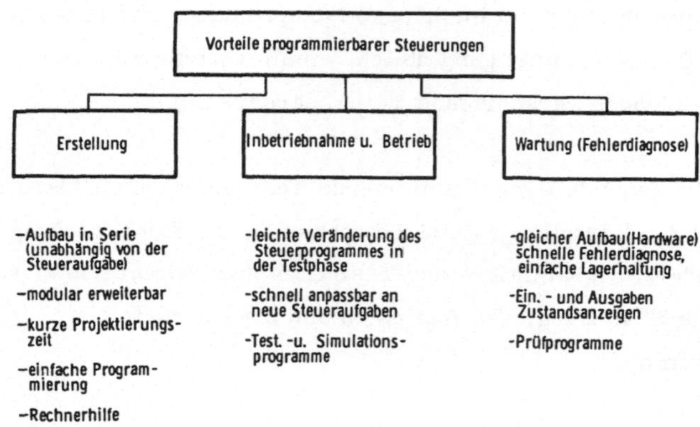

Bild 3/1: Vorteile programmierbarer Steuerungen (PC)

Allgemein bedeutet der Einsatz programmierbarer Steuerungen eine
entscheidende Erhöhung der Flexiblität von Fertigungsanlagen und
eine Verringerung ihrer Erstellungszeit. Ein Steuergerät mit
einzelbit- und wortverarbeitenden Prozessoren besitzt darüber
hinaus eine Reihe weiterer Vorzüge. So ermöglicht es eine
funktionelle Aufteilung zwischen der logischen Einzelbit-Verknüpfung und der arithmetischen bzw. organisatorischen Wortverarbeitung auf optimal angepaßte Prozessoren. Durch diese eindeutige Aufteilung erhöht sich die Übersichtlichkeit und nicht zuletzt
die Betriebssicherheit des Steuergeräts. Softwareänderungen sind
damit überschaubar im Programmspeicher des entsprechenden Prozessors möglich. Ein derartiges Steuersystem erlaubt weiter eine
problemlose Verkopplung mit einem übergeordneten Digitalrechner
über den wortverarbeitenden Prozessor. Damit die Hardware- und
Softwareforderungen aus der Prozessor-Kopplung minimal bleiben,

sollten die zu einer Steuereinheit integrierten Prozessoren einen un-
problematischen Steuerdaten-Austausch möglichst über einen direkten
Speicherzugriff (DMA, Direct Memory Access) erlauben.

Die einem Zwei-Prozessor-Steuergerät zugrunde liegende funktionelle
Aufgliederung der Steueraufgaben auf den einzelsignalverarbeitenden
bzw. den wortorganisierten Prozessor verdeutlicht Bild 3/2.

Prozessor	Bit-Verarbeitung	Wort-Verarbeitung
Eingabe	Einzelsignale	Wort-Information
Aufteilung der Steueraufgabe	Decodierung von Einzelsignalen Verriegelung " " Speicherung " "	arithmetische u. organisatorische Informations-Verarbeitung
Ausgabe	Ansteuerung der Stellglieder	Informations-Ausgabe
Programm Abarbeitungs- prinzip	zyklisch (Scanner-Betrieb)	unterbrechungsgesteuert (Interrupt-Betrieb) oder zyklisch

Bild 3/2: Steueraufgaben-Verteilung im erweiterten PC mit
einzelsignal- und wortverarbeitendem Prozessor

Die Kosten programmierbarer Steuergeräte liegen derzeit beim Ein-
bis Zweifachen einer festverdrahteten Relais- oder Schützensteuerung,
außerdem müssen noch die anteiligen Kosten für eine Programmier-
einrichtung, die für mehrere Steuergeräte verwendbar ist, berücksichtigt werden. Somit ist ein wirtschaftlich vertretbarer Einsatz
zunächst noch auf Fertigungseinrichtungen mit hohem Wert, wie
Transferstraßen und Sondermaschinen, beschränkt, bei denen eine
leichte Veränderung des Steuerablaufs und eine kurze Inbetriebnahme
angestrebt wird.

Die Preisentwicklung der in programmierten Steuerungen verwendeten

integrierten Halbleiterbauelemente der Rechnertechnik, insbesondere
der höherintegrierten Halbleiterschaltkreise und die der lohn-
intensiven konventionellen Steuerungen andererseits, werden in
Zukunft dem programmierbaren Steuergerät vermehrte An-
wendungsmöglichkeit geben [47].

4   Entwicklungsgrundlagen programmierbarer Steuerungen

Wesentlich für einen optimalen und wirtschaftlichen Steuergeräteaufbau ist, die verfügbaren Hardware-Bausteine und die bekannten
Software-Hilfen hinsichtlich ihrer Eignung und der sich bietenden
neuen Lösungsmöglichkeiten zu untersuchen. In diesem Kapitel soll
der prinzipielle Aufbau programmierbarer Steuergeräte und die für
ein leistungsfähiges Gesamtsystem erforderlichen Hardware- und
Software-Bausteine aufgezeigt und analysiert sowie einige Geräteentwicklungen verglichen werden.

4.1   Struktur und Anforderungen an die Komponenten
programmierbarer Steuerungen

Programmierbare Steuersysteme bestehen aus dem eigentlichen
Steuergerät (Hardware), das die Ausbaumöglichkeiten wie auch den
verarbeitbaren Befehlsvorrat bestimmt, und dem im Programmspeicher ablegbaren Steuerprogramm sowie den teilweise recht umfangreichen Programmerstellungs- und Korrekturhilfen (Software).

Die drei wesentlichen Hardware-Funktionseinheiten dieser Steuergeräte sind der Programmspeicher, der zentrale Prozessor und
die Ein- und Ausgabeeinheiten (Bild 4/1). Diese können durch
Zusatzfunktionen, wie Zeitbildung, Speicher für Zwischenergebnisse
sowie in der Funktion und Signalanpassung auf den Prozeß zugeschnittene Ein- und Ausgaben erweitert werden.

Der Programmspeicher ist Träger des Steuerprogramms, das sich
aus einzelnen Anweisungen zusammensetzt. Die Anweisungen lassen
sich weiter in den Operationsteil und die dazugehörigen Parameter
gliedern (z.B. der Adresse einer Eingabe). Da das Abarbeiten des

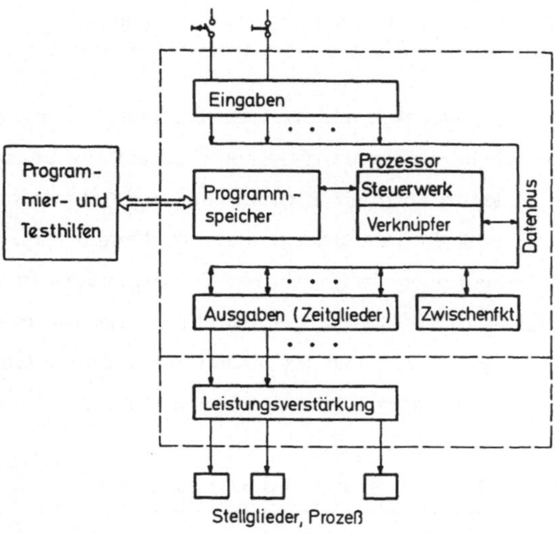

Bild 4/1: Hardware-Struktur einer programmierbaren

Steuerung (PC) mit Einzelsignal-Verarbeitung

Speicherinhalts durch die Baugruppen des Steuerwerks und deren
Verdrahtung festgelegt ist, wird für das Steuergerät kein Organisationsprogramm benötigt, womit der gesamte Programmspeicher
für das Steuerprogramm zur Verfügung steht. Die wesentlichen
technischen Forderungen an einen Programmspeicher für programmierbare Steuergeräte sind die Beständigkeit der Information auch bei
Spannungsausfall, eine kleine Zugriffszeit zu den Datenworten und
die leichte Programmierbarkeit. Die Beständigkeit der Information
über einen Spannungsausfall vereinfacht den Betrieb entscheidend,
weil das Nachladen des Programms entfällt. Eine kurze Zugriffszeit
zu einem Speicherwort verringert die für einen Programmdurchlauf
benötigte Zykluszeit und erhöht damit die Reaktionsfähigkeit; die
leichte Programmierbarkeit bestimmt mit die Vorzüge dieser Steuersysteme während der Inbetriebnahme.

Der Prozessor als zentrale Funktionseinheit läßt sich in das Steuerwerk und den Verknüpfer gliedern. Beide Einheiten zusammen bestimmen die Effizienz programmierbarer Steuerungen, insbesondere
welche Befehle sie ausführen und damit ihre Anpassungsfähigkeit an
die Steueraufgabe. Sämtliche Verknüpfungsmöglichkeiten, die die
Befehlsliste enthält, müssen im Steuerwerk und Verknüpfer in entsprechenden logischen Steuerschaltungen festgelegt sein, d.h. die
Fähigkeit und die Anpassung des Prozessors und damit nahezu des
gesamten programmierbaren Steuergeräts kommt in der Befehlsliste
zum Ausdruck.

Eine Mikroprogrammierung nach Abschnitt 2.4 ist für programmierbare Steuerungen nicht sinnvoll, da es sich um sehr kleine, ohnedies
schon in ihrer Funktion angepaßte Steuergeräte handelt, für die dieser
Aufwand auch in absehbarer Zeit nicht angemessen bzw. erforderlich
erscheint.

Das Steuerwerk nimmt allgemein unter den Funktionseinheiten eine
gewisse übergeordnete Stellung ein, indem es das Zusammenspiel der
Baugruppen leitet. So adressiert, liest und interpretiert es die im
Programmspeicher enthaltenen Anweisungen und stellt die dafür notwendigen Verbindungen zwischen den Registern und dem Programmspeicher her. Die im Adreßteil einer Anweisung angesprochenen Ein-
bzw. Ausgaben oder Zwischenfunktionszellen schaltet das Steuerwerk
anschließend zum Verknüpfer durch. Je nach vorliegendem Operationsteil, der vom Steuerteil decodiert und an den Verknüpfer weiterge-
leitet wird, fragt dieser die Signale der ausgewählten Ein- und Aus-
gänge bzw. die intern gespeicherten Variablen ab und verknüpft die
Zustände entsprechend den Anweisungen zu einer logischen Funktion.
Das Funktionsergebnis wird, wenn sämtliche logischen Variablen der
Funktion nacheinander entsprechend dem Steuerprogramm verknüpft
sind, an die adressierte Ausgabe bzw. Zwischenfunktionszelle übergeben und dort gespeichert.

Die Eingaben leiten je nach Abfrageadresse den logischen Zustand
einer Eingabevariablen über den Datenbus an den Verknüpfer weiter,
nachdem er gefiltert und an die internen Signalpegel angepaßt ist.

Die Ausgabeeinheiten übernehmen und speichern die Funktionsergeb-
nisse des Verknüpfers, darüber hinaus können sie meist selbst vom
Verknüpfer abgefragt und so über die Ausgabefunktion hinaus noch als
Speicher dienen (Selbsthaltung). Aufgrund der seriellen Arbeitsweise
programmierbarer Steuergeräte müssen die Ausgaben Speicher enthalten, deren Zustand immer den Stellgliedern zur Verfügung steht.
Eine Vereinfachung aufgrund der zyklischen Funktionsausgabe über
einen hoch integrierten Baustein scheidet aus, weil die Schwierigkeit
nicht in der Packungsdichte, sondern in der großen Zahl benötigter
Anschlüsse des Speicherelements liegt. Eine direkte Ansteuerung
von Kupplungen, Ventilen und Schützen erlauben den Ausgabeeinheiten nachgeschaltete Gleich- oder Wechselspannungs-Leistungsausgaben.

Die Ausgabeeinheiten sollten zusätzlich noch Haftspeicher, Zähler
und Zeitglieder enthalten, sofern sie nicht intern über Anweisungen
ansprechbar realisiert sind. Steuerzustände können in Haftspeichern
über beliebig lange Spannungsausfälle hinaus erhalten werden. Sie ermöglichen damit, jeden in ihnen abgelegten Steuervorgang nach einem
Netzspannungsausfall von dem bestehenden Maschinenzustand aus fort-
zusetzen. Dasselbe ist auch mit Schreib-Lese-Halbleiterspeichern
erreichbar, wenn sie über einen Netzspannungsausfall aus einer
Batterie oder einem Akkumulator versorgt werden.

Die Kosten programmierbarer Steuerungen werden neben der Zentraleinheit und dem Steuerprogrammspeicher von den Ein- und Ausgabeeinheiten bestimmt, schon deshalb, weil meist eine Vielzahl von
Ein- und Ausgaben benötigt wird. Aus diesem Grund sollte die
Signalübergabe möglichst in codierter Form erfolgen.

Die Struktur wortverarbeitender Steuergeräte (Digitalrechner) unterscheidet sich von der bisher betrachteten Struktur einzelsignal-
verknüpfender Steuereinheiten in der Datenbus- und Datenspeicher-
breite, den Befehlen und somit auch im Prozessor.

Der Datenbus ist auf die Wortbreite abgestimmt, so daß durch den
Prozessor ganze Datenworte von den Ein- und Ausgaben oder dem
Speicher abgefragt bzw. übergeben werden. Der Prozessor selbst
wie die in ihm verarbeitbaren Befehle sind an die Wortverarbeitung
angelehnt, weshalb in ihm arithmetische wie organisatorische Steueraufgaben vorteilhaft lösbar sind. Damit ist diese Steuereinheit genauso
ungeeignet für die logische Einzelbit-Verarbeitung wie umgekehrt
arithmetische und organisatorische Aufgaben mit einem einzelbit-
verknüpfenden Steuergerät verarbeitbar sind. Auf den Aufbau eines
für die Wortverarbeitung sinnvoll einsetzbaren Mikroprozessors soll
in Abschnitt 4.2.4 eingegangen werden.

Gelingt, wie angestebt, in einer programmierbaren Steuerung eine
einzelbit-verknüpfende mit einer wortverarbeitenden Steuereinheit
ohne allzu großen Hardware- und Softwareaufwand zu vereinen, so
ist eine für den Programm- und Funktionssteuerbereich in idealer
Weise geeignete Steuereinheit hoher Flexibilität mit dezentralem
Aufbau geschaffen.

Für den wirtschaftlichen Einsatz programmierbarer Steuergeräte
sind Hilfen für die Programmerstellung und für das nachfolgende Austesten und Korrigieren der Steuerprogramme, notwendig. Eine einfache, vom Steuergerät gelöste Programmerstellung erlauben Programmiergeräte mit Befehlstasten und geräteorientierte Über-
setzer- und Korrekturprogramme auf einem weitverbreiteten Kleinrechner. Zum Austesten sind insbesondere ankoppelbare Testgeräte
mit Simulations- und Korrekturmöglichkeiten sinnvoll.

An dieser Stelle sollen ganz kurz noch die prinzipiellen Unterschiede zwischen Digitalrechnern und programmierbaren Steuerungen hervorgehoben werden. So steht in Digitalrechnern die parallele, meist umfangreiche Verarbeitung und Verwaltung von Datenworten hohen Informationsgehaltes im Vordergrund. Für programmierbare Steuerungen hingegen liegt die Hauptanwendung im Bereich der logischen Einzelbitverknüpfung und der einfachen Wortverarbeitung prozeßnaher Steuersignale. An die Stelle des umfangreichen Datenspeichers in digitalen Rechnern rücken in PC's die Ein- und Ausgabeeinheiten sowie Zwischenfunktions- und Haftspeicher bzw. weitere Zusatzfunktionen, wie Zähler, Register und Zeitglieder mit schneller und direkter Kopplung zum Steuergeräte-Prozessor. Die in der Digitalrechnertechnik üblichen Adressmodifikationen, wie Indizierung, und Relativierung, haben wegen der geforderten einfachen, vorort möglichen Programmierung und Änderung während der Testphase durch einen Elektriker eine untergeordnete Bedeutung. Die in programmierbaren Steuerungen mögliche einfache Beschreibung der Steueraufgaben mit wenigen Befehlen über ein Zusatzgerät oder einen Kleinrechner aus den üblichen Entwurfsergebnissen ist ein weiterer Unterschied. Digitalrechner hingegen besitzen grundsätzlich mit der zum System gehörenden Software (Assembler, Compiler) die Möglichkeit, symbolische Anweisungen in die Maschinensprache zu übersetzen.

Die Programmabarbeitung in PC's erfolgt darüber hinaus ohne Organisationsprogramm (Betriebssystem), um zusammen mit der externen Programmerstellung eine möglichst wirtschaftliche und damit zur Relais- und Schützensteuerung konkurrenzfähige Steuergerätekonzeption zu erhalten. Weiter müssen programmierbare Steuergeräte im Gegensatz zu vielen Rechnern in elektrisch stark gestörter und rauher Umgebung einwandfrei arbeiten, so daß bezüglich der Signalentstörung und dem mechanischen Geräteaufbau und -schutz

über die Maßnahmen für einen Digitalrechner hinausgehende Vor-
kehrungen notwendig sind.

4.2 Hardware-Bausteine

4.2.1 Stand der Halbleitertechnik

Die Entwicklung der Halbleitertechnik wurde in den letzten Jahren
durch neue Technologien und als deren Folge durch die wachsende
Packungsdichte bestimmt (Bild 4/2). Die steil ansteigende Entwicklung zeigt sich schon darin, daß vor zehn Jahren noch primär
diskrete Bauelemente zum Aufbau von Gatterfunktionen dienten, hingegen sind heute hochintegrierte Halbleiterbauelemente erhältlich,
die 20 000 und mehr Transistoren beinhalten.

	1950-65	1965-70	1970-75	1975-
Integrations-stufen	Diskret	geringe Integrationsdichte S S I	mittlere Integrationsdichte M S I	hohe Integrationsdichte L S I
Bausteine z. B.	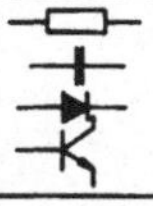	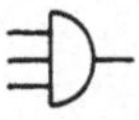 Gatter	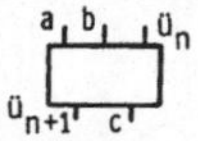 Volladdierer	kompletter Prozessor Speicher (4...16K Bit)
Kartenpackung	Gatter Flip-Flop	Register Addierer	Steuerwerk Prozessor	Zentraleinheit Rechner

SSI   Small Scale Integration,   1...5 Gatterfunktionen
MSI   Medium   "   "   5...100   "
LSI   Large   "   "   > 100   "

Bild 4/2: Integrationsstufen der digitalen Schaltungstechnik

Derzeit dominieren zwei Halbleitertechnologien, die bipolare und
die unipolare MOS-Schaltkreistechnik (MOS Metal Oxide Semiconductor). Bipolare Schaltkreise besitzen hohe Schaltgeschwindigkeiten
und finden deshalb vor allem in schnell arbeitenden Rechnerzentral-

einheiten und diesen nahestehenden Speichern Einsatz. Unipolare
MOS-Schaltkreise erlauben hingegen eine extrem hohe Integration
(LSI). Weiter erhofft man sich, die im Vergleich zur bipolaren
Schaltkreistechnik geringere Geschwindigkeit mit neuen Isolier-
strukturen zu erhöhen. In dieser Technik werden die Transistoren
in einem dünnen Film eines Silizium-Einkristalls durch Ionen-
implantation hergestellt, der auf einem elektrisch hochisolierten
Substrat, z.B. Saphir, gewachsen ist. Diese SOS-Technologie (von
Silicon on Saphir abgeleitet) weist geringe Störkapazitäten zum
Substrat und deshalb eine höhere Schaltgeschwindigkeit auf. Insgesamt scheint es, daß die Entwicklung auf dem Halbleitersektor
in Zukunft von noch schnelleren bipolaren Schaltkreisen sowie von
hochintegrierten MOS-Schaltkreisen in SOS-Technologie bestimmt wird

Die MOS-Technik wird zur Zeit in zwei Einsatz- und Entwicklungs-
richtungen verwendet, zum einen in der gegenüber p-Kanal-
schnelleren n-Kanal-MOS-Technik für hochintegrierte Speicher-
und Datenverarbeitungsbausteine und zum anderen in der störsicheren CMOS-Logik.

Eine neue Anwendung der hohen MOS-Packungsdichte neben den verschiedenen Halbleiterspeicherarten (siehe Abschnitt 4.2.4) sind
größere Rechnerbausteine, besonders Mikroprozessoren, die bis
auf den Datenspeicher und die Ein- und Ausgabe-Einheiten nahezu
alle Funktionen eines Digitalrechners in sich vereinen. Nicht zuletzt
mit der Einführung von Mikroprozessoren wird der Trend zur Digitalisierung noch deutlicher. So ist zu empfehlen, ein analoges Problem
zuerst auf die Möglichkeiten der Digitalisierung hin zu prüfen.

4.2.2 Wesentliche Logikfamilien

Eine der bedeutendsten Weiterentwicklungen der bipolaren Halbleitertechnik neben der sehr schnellen Emitter-gekoppelten-Logik

(ECL), die in Großrechneranlagen Verwendung findet, ist die
Low Power Schottky-TTL-Technik. Die Anwendungsvorteile dieser
Logikfamilie ergeben sich aus der Kombination der Schottky-Techno-
logie mit der Low Power-Dimensionierung. Schottky-Transistoren
bestehen aus einem normalen bipolaren Transistor mit einer über
die Basis-Kollektor-Strecke geschalteten Schottky-Barrier-Diode
(SBD), die eine Übersteuerung der Transistoren und damit interne
Speicherzeiten zugunsten kürzerer Schaltzeiten verhindern. Die SBD
ist vereinfacht ein Metall n-Silizium-Kontakt mit Gleichrichtereigen-
schaften und hoher Schaltgeschwindigkeit (Bild 4/3). Schottky-Transistoren ermöglichen es, die internen Widerstände eines Gatters zu
erhöhen, wenn die Schaltzeiten von Standard-TTL angestrebt werden.
So entstand die Low Power Schottky-TTL-Technik mit einer Ruheverlustleistung pro Gatter von 2 mW bzw. 1/5 der Verlustleistung von
Standard-TTL. Der in Standard-TTL übliche Multiemitter-Eingang
ist hier durch Eingangs-Schottky-Dioden mit geringerem Flächen-
bedarf und höherer Spannungsfestigkeit ersetzt.

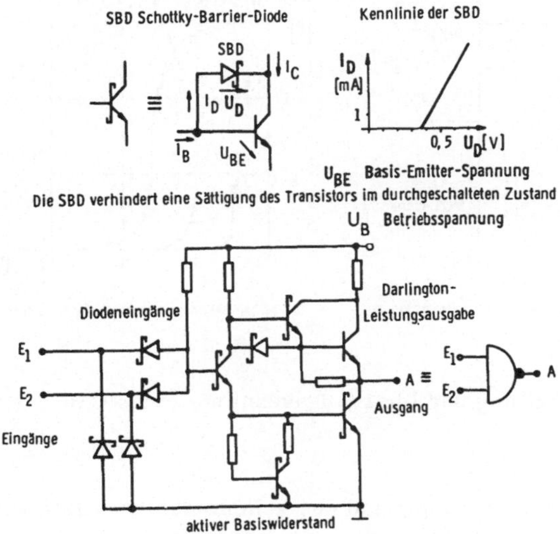

Bild 4/3: Low Power Schottky-Transistor Transistor Logikbaustein [25]

Der CMOS-Technik liegen Schaltungen mit komplementär-symmetrischen Anordnungen von selbstsperrenden n-Kanal- und p-Kanal-MOS-Transistoren zugrunde. Die einfache Schaltung eines CMOS-Inverters verdeutlich Bild 4/4a. In beiden Schaltzuständen ist jeweils ein MOS-Transistor gesperrt und der andere leitend, woraus sich eine geringe Ruheverlustleistung ergibt. Während des Umschaltens entsteht durch die Last- und Schaltkapazitäten ein zusätzlicher Leistungsverbrauch, der sich proportional mit der Schaltfrequenz erhöht. Der sehr hohe Eingangswiderstand von $10^{11}\,\Omega$ bietet in Verbindung mit dem geringen Ausgangswiderstand in beiden Schaltzuständen eine hohe Ausgangsauffächerung (fan out). Eine Begrenzung der Auffächerung erfolgt nicht durch Gleichspannungsverschiebungen der Ausgangspegel, sondern nur durch Reduzierung der oberen Grenzfrequenz infolge zunehmender kapazitiver Belastung.

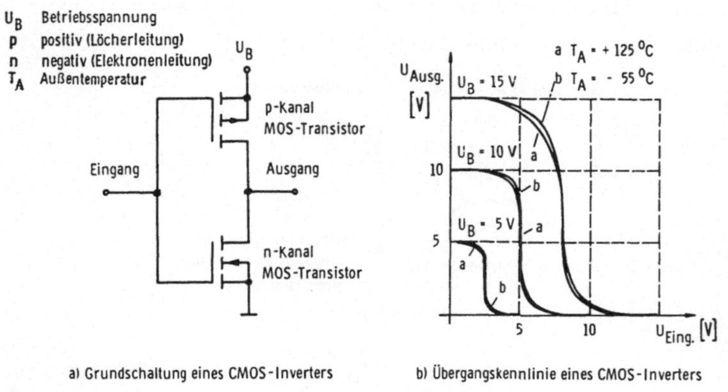

Bild 4/4: Grundschaltung und Übergangskennlinie eines CMOS-Gatter [6]

CMOS-Bausteine besitzen aufgrund des komplementären Aufbaus eine ausgeprägte und sich der Betriebsspannung anpassende Übertragungscharakteristik(Bild 4/4b). Der daraus hervorgehende typische Störab-

stand von 45 % der von 3 bis 15 V zulässigen Betriebsspannung ist
neben dem niederen Leistungsverbrauch und der hohen Packungsdichte
der Hauptvorteil dieser Logikfamilie. Die Grenzfrequenz von CMOS-
Schaltkreisen liegt derzeit bei 1 MHz für 5 V, sie steigt mit zunehmender Betriebsspannung bis auf 10 MHz bei 15 V an. Mit Hilfe der SOS-
Technik hofft man die Grenzfrequenz noch beträchtlich zu erhöhen.
Den Aufbau von 2 Eingangs-NAND bzw. NOR-Gattern zeigt Bild 4/5.

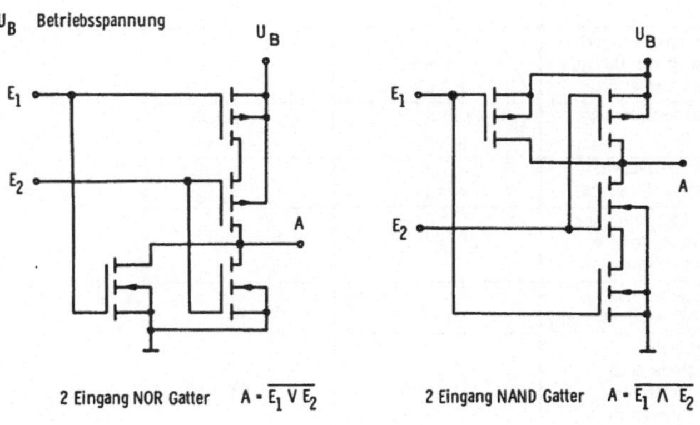

Bild 4/5: NAND und NOR CMOS-Gatter mit zwei Eingängen [6]

Wegen den statischen Aufladungen des hochisolierten Gates sind die
Schaltkreiseingänge mit Schutzschaltungen versehen, die jedoch infolge der Verringerung der Schaltgeschwindigkeit nicht so leistungs-
stark ausgelegt sind, daß sie einen generellen Schutz darstellen. Deshalb
müssen CMOS-Schaltungen unter zusätzlichen Erdungsmaßnahmen ein-
gebaut oder ausgetauscht werden.

Ein Vergleich der CMOS- mit der Low Power Schottky-Logik in (Bild 4/6)
verdeutlicht die Einsatzvorteile der bipolaren Technik für schnelle
Steuersysteme in ungestörter Umgebung. Der vorteilhafte Einsatz-

bereich von CMOS liegt einerseits in prozeßnahen Steuereinheiten, die einen hohen Störabstand erfordern, und andererseits in Steuerschaltungen, wo ein geringer Leistungsverbrauch notwendig ist. Kostenvergleiche sind wegen der Stromversorgung und den notwendigen Entstörmaßnahmen nur für gesamte Steuereinheiten aussagefähig.

Merkmal	Low Power Schottky TTL	CMOS komplementäre MOS Logik
Leistungsverbrauch bei 10 kHz U_B = 10 V bei 1 MHz "	2 mW 2.2 mW	30 µW 3 mW
Betriebsspannung U_B	5 V ±0,5 V geregelt	(3...18)V ungeregelt
stat. Störabstand dynam. Störabstand	0,4 V 7 ns	$0,4 \cdot U_B$ 50 ns
"fan out" von einem Ausgang ansteuer- bare Eingänge	10	50
Anstiegs- und Abfallzeit für U_B = 10 V	10 ns	70 ns
Integration: Fläche eines Transistors Integrations- schritte	$0,04$ mm^2 140	$0,006$ mm^2 40
100 Stück-Preis pro 2 Eingangs-NAND- Gatter	0,40 DM	0,50 DM

Bild 4/6: Vergleich der Logiksysteme Low Power Schottky TTL-CMOS [6, 31]

Die CMOS-Logik eignet sich für programmierbare Steuerungen einerseits aufgrund des hohen Störabstands, so daß die Filterung der Ein- und Ausgabesignale weitgehend entfallen kann und damit zu einer Reduzierung der Kosten für die Ein- bzw. Ausgaben verhilft, andererseits erlaubt der geringe Leistungsverbrauch eine hohe Packungsdichte und wesentliche Leistungs- bzw. Kosteneinsparungen für die Stromversorgung.

4.2.3 Speichertechnologien und -bausteine

Das Speichern digitaler Information gehört zu den wesentlichsten
Funktionen datenverarbeitender Anlagen und moderner Steuereinrichtungen. Der bisher meistverwendete Schnellspeicher ist der
Ferritkernspeicher. Sein Einsatz begann mit Kernen von 2 mm
Außendurchmesser und 10 µs Zykluszeit; heute finden Speicherkerne
mit 0,3 mm Außendurchmesser und einer Zykluszeit bis 0,5 µs Verwendung. Zum eigentlichen Speichermedium werden die Kerne in
Matrizen zusammengefaßt, in denen einige tausend Kerne mit 2,3
oder 4 Drähten aufgefädelt sind.

Speicher mit Zeilenaufruf stellen die einfachste Form von Ferritkern-
speichern dar, in ihnen sind die Speicherkerne zu einer zweidimen-
sionalen Matrix aufgereiht (2 D-System). Der Aufwand an Schreib-
und Leseverstärkern ist in einem dreidimensionalen Ferritkernspeicher (3 D-System) geringer, weil die Stromkoinzidenz nicht nur
beim Einschreiben, sondern auch für das Auslesen anwendbar ist.
Hingegen sind die Anforderungen wegen des Koinzidenzaufrufes an die
magnetischen Eigenschaften der Speicherkerne höher, so z.B. an
das Rechteckigkeitsverhältnis und die Gleichheit der Lesesignale
(Bild 4/7).

In Schreib-Lese-Kernspeichern wird der Inhalt der angesprochenen
Speicherzelle durch das Lesen gelöscht und deshalb nach dem Lesen
sofort wieder eingeschrieben.

Damit nach einem Spannungsausfall die gelesene Information rückgeschrieben wird, ist eine Überwachungseinheit mit Pufferung der
zum Rückschreiben benötigten Energie erforderlich.

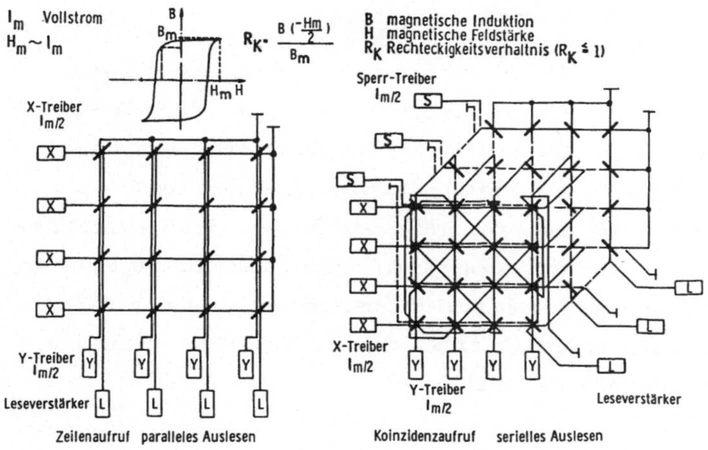

Bild 4/7: Kernspeicher-Matrix mit Zeilen- und Koinzidenzaufruf [37, 52]

Seit es 1967 gelang, Halbleiterspeicherelemente in größerer Zahl
auf einem Kristall unterzubringen, wird der Kernspeicher mehr und
mehr als Zentralspeicher in Digitalrechnern und Steuereinheiten
durch diese schnelleren und wesentlich einfacher zu handhabenden
Halbleiterspeicher verdrängt. Trotzdem wird der Kernspeicher in
einigen Spezialbereichen weiter Einsatz finden, wo die Informationsbeständigkeit über Spannungsausfälle hinaus notwendig und eine
Spannungspufferung, wie sie Halbleiterspeicher zum Halten der Information fordern, über längere Zeit nicht möglich ist.

Halbleiterspeicher sind aus technologischen und physikalischen
Gründen zweidimensional auf wenigen Quadratmillimeter großen Halb-
leiterkristallplättchen angeordnet. Soll ein bestimmtes Element der
quadratischen bzw. rechteckigen Matrix der Größe $2^X \cdot 2^Y$ angesprochen
werden, so sind die Adressenbits $X + Y$ notwendig. Die decodierte

X-Adresse sucht eine aus 2^X Leitungen heraus, die die Zeilen der Matrix bestimmen. Die Y-Adresse bestimmt eine von 2^Y Busleitungen oder in wortorganisierten Speichern auch mehrere Busleitungen; damit wird genau eine Speicherzelle oder ein Speicherwort der Matrix ausgewählt. Je nach Speichertyp und externer Beschaltung kann dann Information ausgelesen oder eingegeben werden (Bild 4/8).

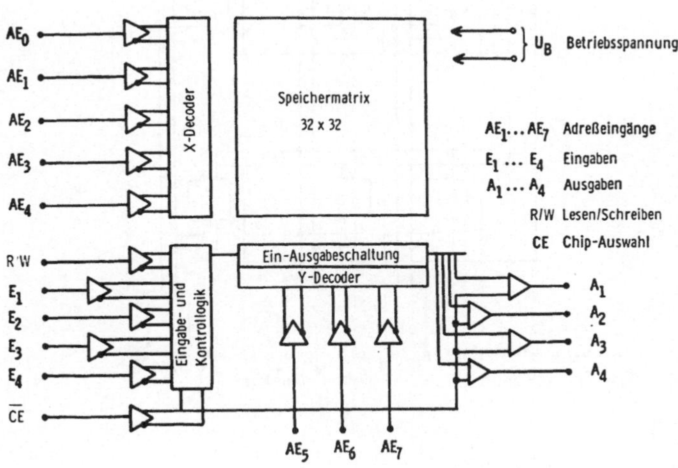

Bild 4/8: Blockschaltbild eines Halbleiterspeicher-Chips
(n-Kanal-MOS RAM, 256 Worte à 4 Bit) [36]

Normalerweise sind neben der Speichermatrix auch die Adreßdecoder, die Multiplexer zur Datenauswahl und die Anpaßverstärker auf dem Speicherchip enthalten. Über dies hinaus ist die interne Struktur eines Halbleiterspeicher-Chips für eine leichte Verknüpfung mehrerer Elemente zu einem Speicher ausgelegt (Bild 4/9).

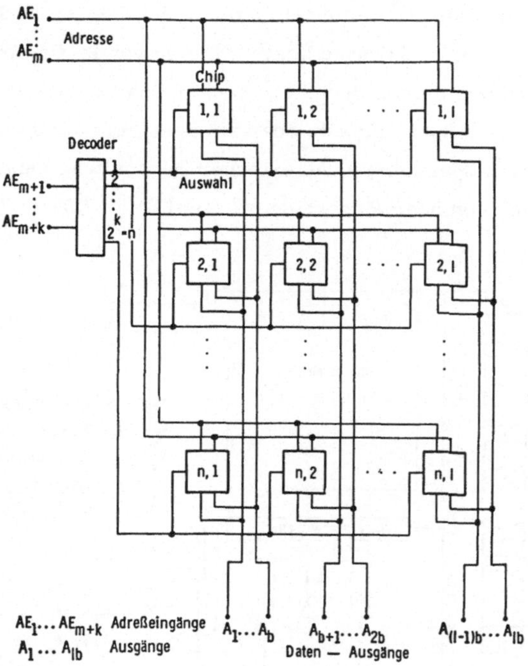

Bild 4/9: Aufbau eines Lese-Speichers mit erweiterter Wort-
und Bitzahl pro Wort [4]

Grundsätzlich sind zwei Herstellungstechnologien für Halbleiterspeicher relevant, die bipolare und die MOS-Technik. Bipolare Speicherelemente besitzen hohe Schaltgeschwindigkeiten bei geringer
Speicherkapazität; sie sind relativ teuer. In MOS-Technik werden
Speicherchips höherer Kapazität mit etwas größeren Schaltzeiten
preisgünstig angeboten. In der jetzt beherrschten n-Kanal-MOS-
Technik aufgebaute Speicher besitzen wegen der mehr als doppelt

so hohen Ladungsträgerbeweglichkeit gegenüber der bisher verwendeten p-Kanal-MOS-Technik den bipolaren Speichern nahekommende Zugriffszeiten.

Die typische Schaltung einer statischen Lese-Schreib-Speicherzelle in bipolarer Technik mit zwei Transistoren und klassischer Flip-Flop-Bauweise zeigt Bild 4/10 zusammen mit einer MOS-Speicherzelle aus zwei Transistoren als Schalter und zwei weiteren Transistoren als Arbeitswiderstände, die in dieser Technologie nur einen Bruchteil eines normal integrierten Widerstandes einnehmen. Beide Zellen werden durch eine Potentialänderung der X-Leitung aufgerufen und je nach Zustand der Datenleitungen gesetzt, gelöscht oder gelesen. Da eine Seite der Speicherzelle immer leitend ist, verbraucht jede Zelle dieser Speicher Leistung, was erhebliche Wärmeabfuhrprobleme aufwirft.

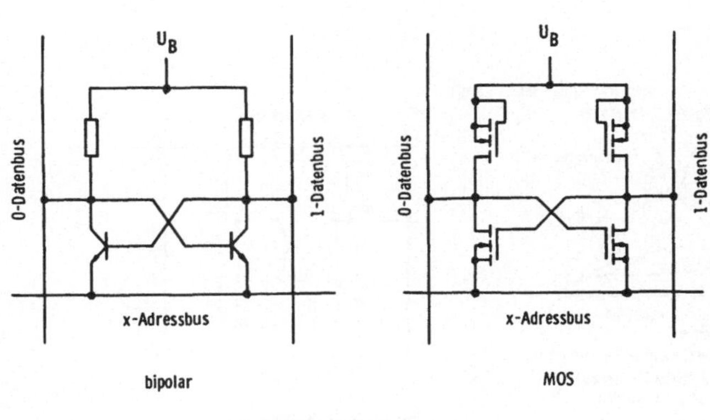

Bild 4/10: Statische Speicherzellen in bipolarer- und MOS-Technologie [27]

Dynamische Speicherzellen nutzen den Effekt aus, daß die gespeicherte Information nach dem Einschreiben nur langsam verschwindet. Die Zeit, die vergehen darf bis die Information aufgefrischt werden muß, damit eine Zelle ihre Information behält, ist vom Erreichen eines Sicherheitsbereichs um die Seperatrix im Bild 4/11a abhängig. Ob eine dynamische Speicherzelle benutzt wird oder nicht, sie muß über einen periodisch arbeitenden Refresh-Verstärker nachgeladen werden. Dies ist sicherlich ein Nachteil dynamischer Speicher, der in größeren Speichern durch den geringeren Stromverbrauch aufgewogen wird, denn sie verbrauchen nur Energie während dem Einschreiben, Lesen und Auffrischen der Information. Bild 4/11b zeigt eine typische dynamische Speicherzelle, in der die Ladungen in den Gatekapazitäten der zu einem Speicherelement kreuzgekoppelten Transistoren gespeichert werden. Ein Zugriff zu einer Speicherzelle über den X-Lesebus ist regenerativ, womit ein spezieller Refresh-Verstärker entfällt. Abwandlungen von dieser Speicherzelle, wie die Dreitransistoren-Vierbus-Zelle, werden in heute auf dem Markt befindlichen dynamischen Speichern hoher Kapazität verwendet.

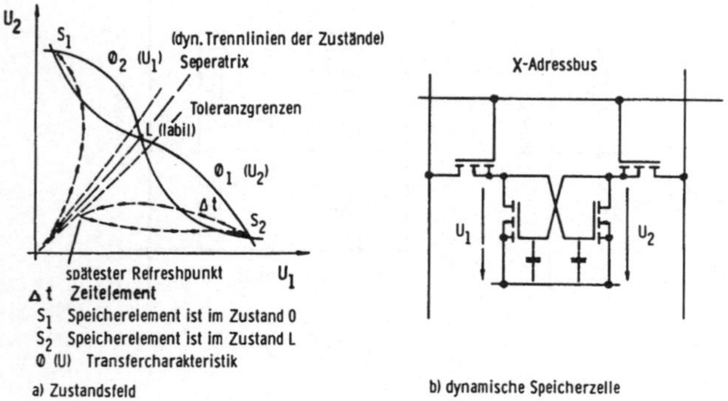

Bild 4/11: Dynamische Schreib-Lese-Speicherzelle [27]

Die bisher vorgestellten Lese-Schreib-Halbleiterspeicher (RAM) in
statischer und dynamischer Ausführung finden zunehmend als Zentralspeicher sehr verschiedener Rechner Verwendung. Die sehr kleinen
Zugriffszeiten zu einem Speicherwort, der geringe Platzbedarf, die
Kompatibilität zur Steuerlogik sowie ein modularer Ausbau und die
fallenden Preise lassen in Zukunft eine noch breitere Verwendung
erwarten.

Ob statisch oder dynamisch zu betreibende Speicherelemente eingesetzt werden, hängt vom gewünschten Leistungsverbrauch und von
der Wirtschaftlichkeit einer Refresh-Schaltung und damit von der
Größe des gesamten Speichers ab.

Der einzige Nachteil der Schreib-Lese-Halbleiterspeicher, nämlich
die Zerstörung der Information nach dem Ausschalten oder einem
Spannungsausfall, läßt sich durch Nur-Lese-Halbleiterspeicher für
residente Programmteile, Tabellen oder feste Zuordnungslisten
weitgehendst aufheben.

Nur-Lese-Halbleiterspeicher finden in drei grundsätzlichen Versionen
Verwendung. Die nach Kundeninformation vom Hersteller gefertigten
Nur-Lese-Speicher (ROM) in MOS-Technologie werden je nach auf-
gebrachter Oxiddicke zwischen Gate-Elektrode und Kanalzone pro-
grammiert. Zur Aufbringung der gewünschten Oxiddicke wird im
Halbleiterwerk eine Maske entsprechend der vom Kunden gewünschten Information erstellt. Diese Maske wird im Verlauf des üblichen
Herstellungsprozesses eingesetzt. So entsteht ein Muster von Transistoren mit dünnem und dickem Gate-Oxid, wobei nur durch die
Transistoren mit dünnem Oxid bei Anliegen der Auswahlsignale Strom
fließt und so die gewünschte Leseinformation erzeugt. Änderungen des
Programms, wie sie oft während der Entwicklung eines neuen Geräts
erforderlich sind, bedingen hier neue Speicherelemente und Masken.

Solche Änderungen sind teuer und engen die Flexibilität ein. Aus diesem Grund sind Festwertspeicher nur für ausgetestete Programme und Tabellen großer Stückzahlen wirtschaftlich.

Verwendet man programmierbare Festwertspeicher (PROM), so ist die Information vom Anwender selbst anhand der Programmierungsvorschrift, also nach dem Herstellungsprozeß eingebbar. Besonders in bipolaren Speichern wird die Programmierung dadurch erreicht, daß Metall- oder Siliziumverbindungen durch Anlegen eines definierten Stromstoßes unterbrochen oder gesperrte Dioden kurzgeschlossen werden, wodurch sich das zuvor gleiche binäre Muster in die gewünschte Information verändert. Die Programmierung selbst kann der Anwender mit hand- oder lochstreifengesteuerten Programmiergeräten vornehmen. Gegen Speicher dieser Art gibt es zwei Vorbehalte: Sie sind vom Hersteller nicht vollständig prüfbar und einmal einprogrammierte Information kann nicht mehr gelöscht werden.

Löschbare und beliebig wieder programmierbare Nur-Lese-Speicher besitzen ein vollständig in Silizium-Oxid eingebettetes und damit nahezu vollkommen isoliertes Gate. Die Programmierung einer solchen FAMOS-Speicherzelle[1] beruht auf der Lawinendurchbruchs-Injektion von hochenergetischen Elektronen zum isolierten Gate aus dem Source oder Drain p-n Übergang (Bild 4/12). Umfangreiche Untersuchungen des Herstellers bei erhöhter Temperatur extrapoliert auf die maximale Betriebstemperatur ergaben für eine zulässige 30 %ige Abnahme der Gate-Ladung die ausreichende Zeit von einigen 100 Jahren.

Ein Löschen der Ladung ist nur über einen Fotostrom vom isolierten Gate zum Substrat möglich. Ungekapselte oder mit einem Quarzfenster versehene Speicherchips können deshalb mit UV-Strahlen und

[1] FAMOS: Floating-Gate Avalanche-Injection Metall Oxid Semiconductor

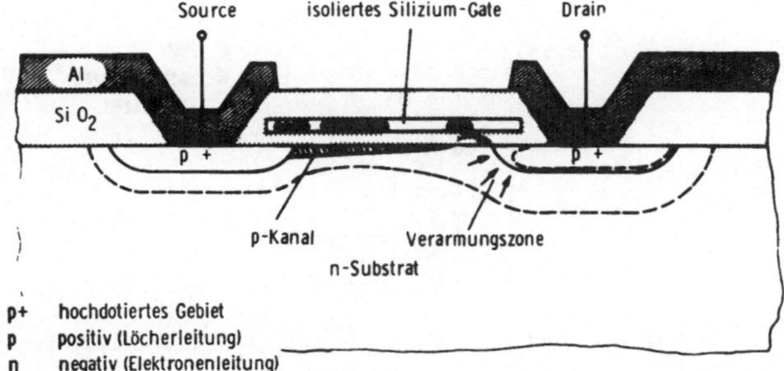

Bild 4/12: FAMOS-Speicherzelle [11]

verkapselte Bauelemente durch Röntgenstrahlen gelöscht werden.
Damit steht dem Anwender ein vom Hersteller voll getesteter und
beliebig oft löschbarer Festwertspeicher zur Verfügung.

Auf der Basis von Gate-Isolierschichten aus Silizium-Oxid und einer
anschließenden Nitrid-Schicht, an deren Grenzfläche Ladungsträger
haften, entstanden neuartige elektrisch umprogrammierbare Festwertspeicher. Bis diese mit MNOS-Speicher bezeichneten Elemente,
um die es in jüngster Zeit etwas ruhiger wurde oder sonstige
elektrisch umprogrammierbaren Speicher wirtschaftlich einsetzbar
sind, wird trotz der schnellen Entwicklung der Halbleiterspeicher-
Technik noch einige Zeit vergehen.

Die Zusammenfassung der Kosten pro Bit über der Zugriffszeit verschiedener Speichertechnologien und die Halbleiter- bzw. Kern-
speicher-Kostenentwicklung in Bild 4/13 entstammt [51] ,
wurde jedoch im Rahmen dieser Arbeit vervollständigt .

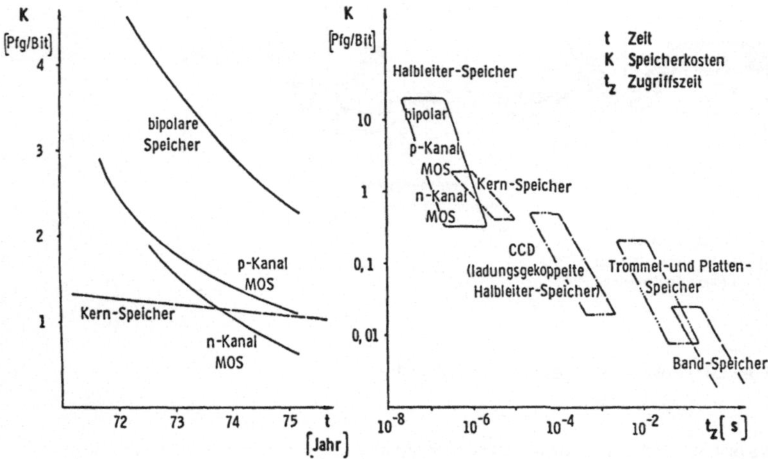

Bild 4/13: Entwicklung der Speicherkosten pro Bit und derzeitige
Abhängigkeit von der Zugriffszeit verschiedener
Speichertechnologien

Kernspeicher sind für programmierbare Steuerungen ausreichend
schnell bis zu einer Lese- und Rückschreibzeit von 0,5 µs erhältlich,
doch ist für sie mit dem sehr schnellen und immer preisgünstiger
werdenden n-Kanal MOS-Halbleiterspeicher ein harter Konkurrent
entstanden. Da der Kernspeicher ein schnelles Umprogrammieren
erlaubt, können in ihm auch Steuerzustände abgelegt und unter Um-
ständen über einen Spannungsausfall gerettet werden. Die Kern-
speicherinformation bleibt im eingeschriebenen Zustand durch einen
Spannungsausfall unverändert. Ein Auslesevorgang hingegen zerstört
die angewählte Information im Speicher, sie muß deshalb anschließend
wieder rückgeschrieben werden. Eine absolute Informationssicherung
ist deshalb nur erreichbar, wenn ein begonnener Lese- und Rück-
schreibezyklus mit Hilfe im Betrieb gespeicherter Energie nach
einem Spannungsausfall abgeschlossen wird. Besonders nachteilig
für den Einsatz des Kernspeichers in programmierbaren Steuergeräten

ist, daß mit kleiner werdender Speicherkapazität der Treiber- und
Leseverstärker-Kostenanteil stark ansteigt; so ist er als kleinste
erhältliche Einheit nur bei umfangreichen Steueraufgaben wirtschaftlich einsetzbar.

Die Hauptvorzüge der Halbleiterspeicher gegenüber dem Kernspeicher
für den Einsatz in programmierbaren Steuergeräten sind die Kompati-
bilitäten der Adreß- und Informationssignale zur Steuerlogik, der
kleine Platzbedarf und die geringe Modulgröße, mit der der Speicher-
umfang der jeweiligen Steueraufgabe anpaßbar ist.

Als Programmspeicher kommen vor allem vom Anwender programmierbare Nur-Lese-Speicher wegen ihrer Informationsbeständigkeit zur
Anwendung. Zwischenfunktionsspeicher zur Realisierung sequentieller
Funktionen bzw. der Vereinfachung von kombinatorischen Funktionen
können durch Schreib-Lese-Speicher mit Bit-oder Wort-Zugriff einfach
realisiert werden, da programmierbare Steuerungen seriell arbeiten.
Weil die in Halbleiterspeichern dieser Art abgelegte Information über
einen Spannungsausfall nicht erhalten bleibt, muß bei Spannungsausfall der Zwischenfunktionsspeicher wenn erforderlich über eine
Batterie versorgt werden, oder es werden neben dem Schreib-Lese-
Halbleiterspeicher noch Haftspeicher auf magnetischer oder elektro-
mechanischer Basis verwendet.

4.2.4 Mikroprozessoren

Der Begriff "Mikroprozessor" charakterisiert in erster Linie die
physikalische Größe eines Prozessors, der sich im wesentlichen von
dem eines Prozeß- oder Kleinrechners nur darin unterscheidet, daß
er als LSI-Schaltung auf einem oder wenigen Chips hergestellt und
relativ preisgünstig ist, jedoch nicht ganz so schnell arbeitet [18].
Die Bezeichnung "Mikroprozessor" rückt diese LSI-Bausteine verwechselbar nahe der Mikroprogrammierung, die eine Software-An-

passung des Befehlsvorrats erlaubt (Abschnitt 2.4).

Der erste Mikroprozessor, die 4 Bit CPU[1] 4004 von Intel, erschien
1971 und leitete zusammen mit den Halbleiterspeichern ähnlicher
Technologien eine gerätetechnische und preisliche Revolution in der
Prozeßrechnertechnik ein. Durch diese und nachfolgende Entwicklungen wurden Rechenbausteine verfügbar, die den Aufbau von
Kleinrechnern erlauben, deren Bauvolumen und Preis erheblich
unter dem bisheriger Kleinrechner liegt. Inzwischen hat sich das
Mikroprozessor-Angebot verbreitert, womit erstmalig ganze Rechner-
einheiten als Bauteile zur Verfügung stehen. Die Entwicklung von
Mikroprozessoren rückte die Vorstellung von einem Rechner auf
einem Chip sehr nahe. Um dieses Ziel zu erreichen, müssen jedoch
noch Speicher größerer Kapazität zusammen mit der CPU auf einem
Chip erstellbar sein.

Das Einsatzgebiet für diese im wesentlichen von amerikanischen
Halbleiter- und Speicherherstellern angebotenen LSI-Mikroprozes-
soren liegt im Ersatz von digitalen Schaltungen mit umfangreicher
Informationsverarbeitung. Darüber hinaus eignen sich Mikroprozes-
soren für einen großen Teil der Einsatzgebiete des Kleinrechners.
Hinzu kommen zweifellos noch viele Einsatzgebiete, für die erst mit
Mikroprozessoren eine programmierbare Lösung wirtschaftlich wird.

Insgesamt wird sich mit den Mikroprozessoren einmal mehr die
Steuerproblemlösung und -realisierung in die Software verlagern, so
daß es für den Steuerungstechniker von Vorteil ist, wenn er sich
heute schon verstärkt mit der Programmierungs-Technik beschäftigt.
Aber es darf nicht übersehen werden, daß Mikroprozessoren, auch wenn
es sich um hochintegrierte Rechnerbausteine handelt, noch einen erheb-

[1] CPU Central Processing Unit

lichen Hardware-Aufwand bis zu einer voll betriebsfähigen Steuereinheit fordern.

Die heute erhältlichen Ein- oder Mehrchip-Prozessoren unterscheiden sich in ihrer Technologie, Wortlänge, Organisation und Programmierung. Am häufigsten vertreten sind p-Kanal-MOS-Prozessoren. Neuere Prozessoren stehen in der schnelleren n-Kanal- MOS-Technik zur Verfügung. Sehr schnelle bipolare Prozessoren werden wegen der geringeren Integrationsfähigkeit in mehreren Chips angeboten. Auf der CMOS-Technologie basierende Prozessoren hingegen besitzen den weitaus geringsten Leistungsverbrauch. Die Wortlänge der Prozessoren reicht von 4 über 8 bis zu 16 Bit, wobei sich zwangsläufig mit steigender Wortbreite die Leistungsfähigkeit als informationsverarbeitende Steuereinheit erhöht. Die zu einem Mikroprozessor gehörende Bausteinfamilie umfaßt gewöhnlich neben verschiedenen Halbleiterspeicherarten auch parallele und serielle Ein- und Ausgabemodule, Taktgeneratoren, Interrupt-Kontrolleinheiten und verschiedenes mehr (Bild 4/14).

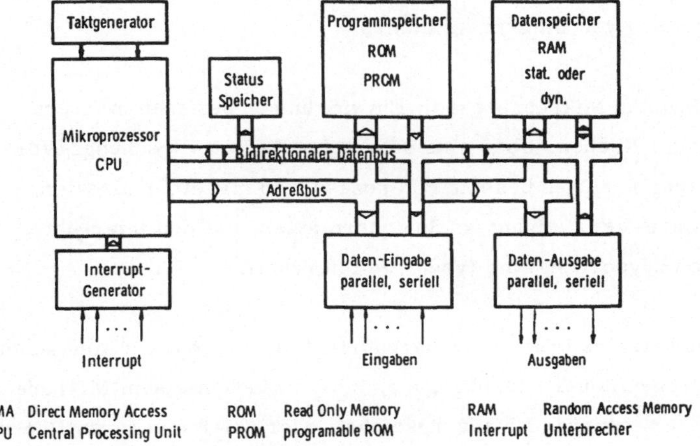

Bild 4/14: Mikroprozessor-System [7]

Die wichtigsten Eigenschaften und Vorzüge eines Mikroprozessors
liegen im wesentlichen in der Zahl und Funktion der internen Register, der Art und Tiefe der für die einfache Unterprogramm-
Organisation benötigten "Stack"[1], der Interrupt-Kapazität und in
der Möglichkeit eines direkten Speicherzugriffs DMA (Direct
Memory Access).

Das Hauptmerkmal der internen Register-Bank ist ihre Zugriffszeit
und die Effizienz der Registerbefehle. Die in ihnen abgelegte Information
kann ohne die sonst notwendigen Speicherzugriffszeiten gelesen und
ggf. verändert werden. Entscheidender als die Anzahl der Register
ist ihre Qualität; möglichst alle Register sollten auf Null testbar,
schrittweise erhöhbar bzw. als Programmschleifen-Zähler verwendbar und zusätzlich direkt vom Speicher ladbar sein.

Die in Mikroprozessoren verwendeten stack-orientierten Register
erlauben einen LIFO-Zugriff (Last in first out) zu einem in ihnen
adressierten Datenspeicherbereich. Eine derartige Organisation
vereinfacht das Ablegen der Rücksprung-Adressen und damit die
Verwaltung von Unterprogrammen.

Die jüngsten Mikroprozessor-Entwicklungen besitzen mehrere
Interrupt-Ebenen. Über eine sehr schnelle Unterbrechungs-Ver-
arbeitung verfügen besonders Prozessoren mit einer direkten
Hardware-Verzweigung zu Speicherplätzen, die den Interrupt-
Ebenen zugeordnet sind (vectored interrupt).

Ein direkter externer Speicherzugriff DMA ermöglicht eine schnelle
blockweise Steuerdatenübergabe, z.B. zwischen einem Mikrorechner
und einer externen Erfassungseinheit oder unter mehreren Prozessoren. Eine in dieser Betriebsart mögliche Datenübergabe ist so

[1]Stack Stapelspeicher mit LIFO-Zugriff (Last in first out)

lange zweckmäßig wie keine nachteiligen System-Wartezeiten daraus
entstehen [48] .

Als Programm- und Datenspeicher finden für Mikroprozessoren fast
ausnahmslos Halbleiterspeicher Verwendung. Die Steuerprogramme
sind üblicherweise in Nur-Lese-Speichern (ROM) bzw. in vom Anwender umprogrammierbaren Nur-Lese-Speichern (PROM) abgelegt, so
daß sie auch über einen Spannungsausfall verfügbar bleiben. Zur
Steuerdaten-Speicherung finden die üblichen Schreib-Lese-Halbleiterspeicher (RAM) Verwendung (siehe Abschnitt 4.2.3).

In dem Befehlsvorrat veränderbare Mikroprozessoren, angelehnt an
die mikroprogrammierbaren Rechner (siehe Abschnitt 2.4), bieten
nur für den Einsatz sehr vieler gleicher Prozessoren in der Problemanpassung Vorteile, fordern jedoch vom Anwender eigene Befehlsstruktur und Software-Entwicklung.

Die wesentlichsten Eigenschaften der bedeutendsten Mikroprozessor-
Entwicklungen sind in Tabelle 4.1 zusammengefaßt; sie entstammt [50] ,
wurde aber im Rahmen dieser Arbeit durch neue Systeme ergänzt.

Mit der Verfügbarkeit dieser Prozessorbausteine war die Basis für
einen wesentlichen Teil dieser Arbeit, nämlich die Erweiterung des
entwickelten programmierbaren Steuergeräts mit Einzelsignal-Ver-
knüpfung durch einen wortverarbeitenden Zweit-Prozessor, geschaffen

Die Einsatzvorteile programmierbarer Steuergeräte werden
bestimmt durch die aufgeführten Hardware-Bausteine, die Software-
Komponenten, besonders die Befehlsstruktur, die Organisation der
Programmabarbeitung sowie die Erstellungshilfen der Steuerprogramme. Auf sie soll im folgenden Kapitel näher eingegangen
werden.

Hersteller	Typ	Technologie	Takt-Treiber	E/A-Interface	RAM	ROM/PROM	Interface	Interrupts	µ-program	zugängl. Stack	DMA	BCD Arith.	Wortlänge (Bit)	adressierbare Progr. Worte	Register Add. Zeit (µs)	ACC	XR	GR	Stack-Zellen (Anz. x Bit)	Betriebs-spannung (V)	Leistung (W)	Baustein-größe Pins	Verfügbarkeits-Status	Bemerkungen
			Bausteine Merkmale													ACC Re-gister								
Fairchild	PPS-25	PMOS		o	o	o						o	4		62,5	1	-	-	4x12	-10; 5	0,6	16;40	ausgel.	
INTEL	4040	PMOS		o	o	o	o	o				o	4	8k	10,8	1	-	24	8x12	-10; 5	1,0	16;24	ausgel.	
INTEL	8008-1	PMOS						o					8	16k	12,5	1	-	6	8x14	-9; 5	1,0	18	gestoppt	
INTEL	8080	NMOS	o	o	o	o	o	o		o	o	o	8	64k	2	1	-	6	(RAM)	±5;12	1,0	40	ausgel.	
INTEL	3000	Bipolar	o	o	o	o	o	o	o				N	2^{2N}	0,2	1	-	11		5	2N		ausgel.	Baustein familie
INTERSIL	ISD-8	CMOS						o					12	4k	6	1	-	-		5	0,01	40	angek.	PDP8-komp.
MOTOROLA	6800	NMOS		o	o	o		o				o	8	64k	2	2	1	-	(RAM)	5	0,25	24;40	ausgel.	
NATIONAL	IMP-8	PMOS						o	o	o	o		8	64k	4,6	3	1	-	16x8	-12; 5	1,0	22;24	angek.	
NATIONAL	IMP-16	PMOS						o	o	o			16	64k	4,6	2	2	-	16x16	-12; 5	1,4	22;24	angek.	
RCA	COSMAC	CMOS						o		o	o		8	64k	6	p	q	-	rx16	12	0,01	40	angek.	p+r+2q)=15
ROCKWELL	PPS-8	PMOS	o	o	o	o		o		o	o	o	8	16k	13	1	1	2	2x14	17	0,22	42	angek.	
TOSHIBA	TLCS-12	NMOS		o	o	o		o	o				12	4k	13	1	-	-	-	-10; 5	0,8	16;42	angek.	

DMA Direct Memory Access BCD Binär codierte Dezimalzahl   ACC Akkumulator XR Indexregister GR Generelle Register

Tabelle 4/1: Liste der betrachteten Mikroprozessor-Bausteine [50] (Juni 1975)

4.3 Software-Komponenten

4.3.1 Organisationsformen der Programmabarbeitung

In der Prozeßdatenverarbeitung werden zwei Betriebsarten unterschieden: das Interrupt- und das Scannerprinzip.

Der automatische Programmunterbrecher- oder auch Interruptbetrieb
setzt ein Organisationsprogramm und eine entsprechende Erkennungs-
und Prioritäts-Durchschaltelogik voraus. Die Reaktionszeit auf ein
Ereignis wird einerseits von der Leistungsfähigkeit des Systems und
andererseits in ähnlicher Weise von der jeweils zeitlich schwanken-
den Belastung des Systems bestimmt. Wahrscheinlichkeits-theore-
tische Berechnungen, Simulationen und die Erfahrungen aus der Praxis
zeigen, daß die Auslastung einer Zentraleinheit mit unterbrechungs-
gesteuerten Realzeitaufgaben [8, Seite 15] nicht mehr als zwei Drittel
der Gesamtkapazität betragen sollte, da sonst die Antwortzeiten für
stoßweise Belastungszunahme zu stark anwachsen [3, 14]. In dieser
Betriebsart nicht ausgenutzte Rechnerkapazität steht für Hinter-
grundprogramme zur Verfügung.

Im Scannerbetrieb werden die Verarbeitungsprogramme mit einer
Zykluszeit, die proportional der gesamten Programmlänge ist, ohne
Unterbrechung durchlaufen. Die Reaktionszeit auf ein verändertes
Ereignis wird im ungünstigsten Fall eine Zykluszeit betragen. Eine
einfache Organisation des Programmablaufs und die festliegende
maximale Reaktionszeit sowie die einfache Verarbeitung sehr vieler
Variablen sind die Vorteile dieser Betriebsart.

Für programmierbare Steuerungen mit logischer Einzelbit-Verarbeitung ist der Scannerbetrieb von Vorteil. Einerseits kann dadurch
der gesamte Programmspeicher für das Steuerprogramm verwendet

werden, andererseits würde die große Zahl der Ein- und Ausgaben
einen Interruptbetrieb erschweren. Vergessene oder im Laufe der
Inbetriebnahme hinzugekommene Verknüpfungen können so ohne weiteres an das Ende des schon bestehenden Programms angefügt werden.

Für die organisatorische und arithmetische Informationsverarbeitung
in den wortstrukturierten Prozessoren bietet der Interrupt- neben
dem Scannerbetrieb einige Vorzüge. So ist es z.B. bei einer schwachen
Grundauslastung möglich, die Reaktion auf einige Ereignisse über
den Interruptbetrieb zu beschleunigen oder einen schnellen Dialog zu
einem übergeordneten Steuergerät zu unterhalten, da im Interruptbetrieb eintreffende Ereignisse der Priorität entsprechend über einen
gezielten Ansprung des erforderlichen Steuerprogrammteils abarbeit-
bar sind. Besteht die Aufgabe darin, sehr viele Ereignisse einfach zu
verknüpfen, so fordert die gezielte Verarbeitung des Unterbrecherbe-
triebs eine umfangreiche Organisation in der Hardware wie der Software, so daß die zyklische Programmabarbeitung des Scannerbetriebs
einen geringeren Geräteaufwand und zeitliche Vorteile bietet.

4.3.2 Mögliche Befehlskonfigurationen einzelbit-verknüpfender Steuergeräte und ihre Vorzüge

Mit der Befehlsliste eines programmierbaren Steuergeräts sind über
den wesentlichen Geräteaufbau und -umfang hinaus die Eigenschaften
und damit die Einsatzgebiete festgelegt.

Minimale, schnell erlernbare Befehlskonfigurationen besitzen den
Vorteil eines einfachen Prozessors und kurzer Befehle aufgrund des
kleinen Operationsteils. Andererseits ergeben sich infolge der um-
ständlichen Programmierung viele Befehle und damit lange Steuerprogramme. Der minimale Befehlsvorrat für eine programmierbare
Steuereinheit zur Verarbeitung logischer Funktionen ergibt sich aus

der Boole'schen Algebra, danach können mit Hilfe der Negation und
einem der logischen Operatoren UND bzw. ODER sämtliche logischen
Verknüpfungen realisiert werden. Wird die Negation in den Abfrage-
befehl der Eingänge auf logisch "0" bzw. "L" gelegt, dann ist zusätzlich nur noch ein Verknüpfungsbefehl und ein Setzbefehl notwendig.
Alle rückgeführten Ausgangsvariablen sequentieller logischer
Funktionen müssen bei dieser Realisierung mit Eingängen verbunden
werden, weil nur diese abfragbar sind. Mehrstufige Funktionen sind
anhand von Zwischenspeicherungen nach jeder logischen Verknüpfung
realisierbar. Ähnliche Einschränkungen liefert ein minimaler Befehlsvorrat auf der Basis von Abfragebefehlen der Eingänge auf logisch
"0" bzw. "L" und bedingten bzw. unbedingten Sprungbefehlen sowie
Setz- und Rücksetzbefehlen. Auf die grundsätzlichen Unterschiede
möglicher Befehlsstrukturen wird anschließend noch näher eingegangen.

Die Maximalkonfiguration an Befehlen fordert hingegen eine umfangreiche Zentraleinheit sowie eine Vielzahl an Befehlen mit langem
Operationsteil. Da jeder denkbaren logischen Funktion ein Befehl zugeordnet ist, besteht ein Programm aus einer minimalen Befehlszahl,
jedoch wird infolge der großen Operationsteile das Programm nicht
minimal kurz sein. Eine sowohl für das Steuersystem als auch für
den Programmierer zweckmäßige Befehlsliste liegt zwischen der
minimalen bzw. der maximalen Befehlsanzahl nach Bild 4/15.

Grundsätzlich erhöht die Wortzahl eines Programms wegen der seriellen Abarbeitung die Programmdurchlaufzeit und damit die Reaktionszeit auf ein eintreffendes Ereignis. Mit der Wortbreite erhöht sich
der Hardwareaufwand, jedoch steigt damit auch die Leistungsfähigkeit des Steuergeräts an (z.B. verknüpfbare Ein- und Ausgaben).
Neben einem ausgewogenen Verhältnis zwischen dem Geräteaufwand
und der Leistungsfähigkeit ist eine einfache Steuerfunktionsbeschreibung
notwendig. Da einerseits die Programmierung in der Steuergeräte-

Befehlsanzahl	für logische Verknüpfungen	Vorteile	Nachteile
Minimalkonfiguration	-Abfragebefehle auf 0 bzw L -Verknüpfungsbefehl UND 1) -Setzbefehl (4 Befehle)	-kleine Zentral - einheit -kleiner Opera - tionsteil	-umständliche Programmierung -langes Pro - gramm, da viele Worte
Maximalkonfiguration	-Abfragebefehle -Verknüpfungsbefehl. Jeder Funktion ist ein Befehl zugeordnet -Setzbefehle	-Programm ist kurz (großer Operationsteil) -schnelle Pro - grammierung	-große Zentral- einheit -lange Einar - beitung

1)
   auch mit ODER bzw. bedingten- und unbedingten Sprungbefehlen
möglich

Bild 4/15: Vorzüge und Nachteile einer minimalen und maximalen
               Befehlsanzahl

sprache (Maschinensprache) langwierig und schwierig ist und andererseits interne Übersetzerfunktionen das Grundgerät unnötig komplizieren, sind Programmier- und Testhilfen über Zusatzgeräte oder auf weit verbreiteten Digitalrechnern lauffähige Übersetzerprogramme vorteilhaft. Gerade deshalb ist es notwendig und möglich, den Befehlsvorrat optimal hinsichtlich einer einfachen, für den Nichtelektroniker leicht erlernbaren Programmierung auszulegen. Weiter ist es auch nicht sinnvoll, einen Prozessor geringen Befehlsumfangs mit umfangreichen und häufig nicht optimalen Übersetzeralgorithmen auszugleichen, weil damit das Steuerprogramm groß und das Echtzeitverhalten verschlechtert wird.

Grundsätzlich können drei Befehlsarten, an die Beschreibungsformen logischer Funktionen angelehnt, aus dem Flußdiagramm, dem Kontakt- oder Logikplan und der Boole'schen Gleichung unterschieden werden [45].

a) Anlehnung der Befehlsliste an das Flußdiagramm
Geräte dieser Programmierungsart haben ein relativ einfaches Leit-

werk aufgrund der elementaren Ja-Nein-Entscheidungen, verbunden
mit bedingten und unbedingten Sprungbefehlen. Die Entwurfsergebnisse einer Programm- und Funktionssteuerung liegen üblicherweise
als Kontakt- bzw. Stromlaufplan oder in Boole'schen Gleichungen
vor. So muß der Erstellung des Steuerprogramms eine Übersetzung
in ein Flußdiagramm vorausgehen, es sei denn, es handelt sich um
eine reine Folgesteuerung. An das Flußdiagramm angelehnte Befehlslisten liegen nahe der Minimalkonfiguration, weshalb zur Ver-
kürzung der Programme häufig noch Feinheiten aus der Rechnertechnik, wie Adreßmodifikationen, Unterprogrammtechniken usw.,
Verwendung finden; es kann dann nicht mehr von einer einfachen
Programmierung gesprochen werden. Diese Nachteile lassen sich
durch überlagerte Programmierhilfen, z.B. umfangreiche Programmiergeräte oder über einen Digitalrechner mit entsprechenden
Übersetzerprogrammen reduzieren.

b) Anlehnung der Befehlsliste an den Stromlaufplan
Der Hauptvorteil dieser Steuergeräte liegt in der unmittelbaren Beschreibung des in der Steuerungstechnik weitverbreiteten Stromlauf-
plans. Der Umfang des Befehlsvorrats und des Prozessors von
Steuergeräten dieser Programmierungsart steigt, je mehr verschiedene Kontaktanordnungen ohne Zwischenspeicherung beschreibbar
sind. Die direkte Programmierung aus dem Stromlaufplan begünstigt
zweifellos die Einführung. Ob der Stromlaufplan auch in Zukunft die
ideale Beschreibungsform von prozeßnahen Steuerungen ist, sei
dahingestellt, jedoch steht fest, daß parallel ablaufende Steuerfunktionen in ihm leicht und allgemein verständlich sowie für den Steuerungstechniker überschaubar dargestellt sind.

c) Anlehnung der Befehlsliste an logische Verknüpfungen
Jede logische Funktion läßt sich in der konjunktiven oder disjunktiven
Normalform darstellen [40] . Diese Normalformen sind stets zwei-

stufig, was bedeutet, daß jede logische Funktion ohne Zwischenspeicherung realisierbar ist, wenn mindestens eine zweistufige
Logik programmiert werden kann. Wo programmierbare Steuersysteme bevorzugt werden, sind mehrstufige logische Funktionen
häufig, so daß die direkte Beschreibung von Funktionen mit mehr als
zwei Logikstufen Vorteile bietet. Mit den direkt programmierbaren
Logikstufen steigt der Prozessoraufwand wesentlich an und muß deshalb in einem ausgewogenen Verhältnis zur erreichten Steuerpro-
grammverkürzung und Programmiererleichterung stehen. Zwischenfunktionen ersetzen Unterprogramme, wie sie im Fall einer Anlehnung der Befehlsliste an das Flußdiagramm möglich sind.

Eine Zusammenfassung der Programmierungsarten anhand eines
einfachen Programmierbeispiels enthält Tabelle 4/2.
Die in dieser Tabelle enthaltenen Grundbefehle finden auch in
kombinierter Form Verwendung, indem z.B. die Abfrage- mit den
Verknüpfungsbefehlen vereint sind.

In Zukunft wird die logische Gleichung als Schnittstelle zwischen
der PC-Programmierung und möglicher Entwurfsverfahren mehr an
Bedeutung gewinnen[45]. Schon deshalb, weil die logische Gleichung in
der Schaltwerk- und Automatentheorie wie in der Steuerungstechnik
üblich ist. Damit das Steuerprogramm für die Inbetriebnahme oder
nachfolgende Änderungen leicht überschaubar und allgemein verständlich dargestellt ist, kann in absehbarer Zeit auf den Stromlaufplan
oder Logikplan nicht verzichtet werden. Die Erstellung ist automatisch
in einem Rechnerlauf mit Plotterausgabe oder über einen Kleinrechner anhand der Bedienfeld-Schreibmaschine aus dem symbolischen PC-Steuerprogramm möglich. Eine einheitliche Nahtstelle
zwischen der PC-Programmierung und einem zukünftigen Steuerungs-
Entwurfsverfahren kann z.B. in der Boole'schen Gleichung zumindest
für Verriegelungs-, einfache Folgesteuerungs- und Decodieraufgaben

logische Funktion im Stromlaufplan	Befehlsliste: angelehnt		
	Flußdiagramm	Stromlaufplan	logische Verknüpfung
$d1 = \overline{b1} \wedge \overline{e1} \wedge (b2 \vee d1)$	**Programm** — **Erläuterung**	**Programmierplan** — **Erläuterung**	**Programm**
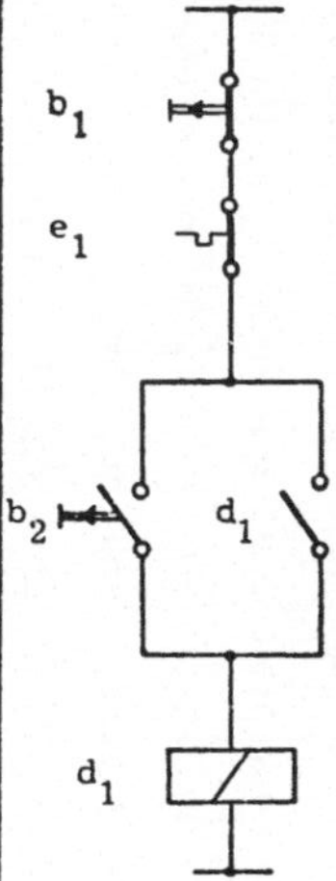 b_1 e_1 b_2 d_1 d_1	1) setze Test-FF wenn: 0000 TXF b1 — 1) b1 offen 0001 TXF e1 — 1) e1 offen 0002 IFN 006 (bedingter Sprung) — ja / Test-FF gesetzt / nein 0003 TYN d1 — 1) b1 geschlossen 0004 TXN b2 — 1) b2 geschlossen 0005 JFN 008 (bedingter Sprung) — Test-FF gesetzt / ja / nein 0006 SYF d1 0007 SKP (unbedingter Sprung) — d1 rücksetzen 0008 SYN d1 — d1 setzen	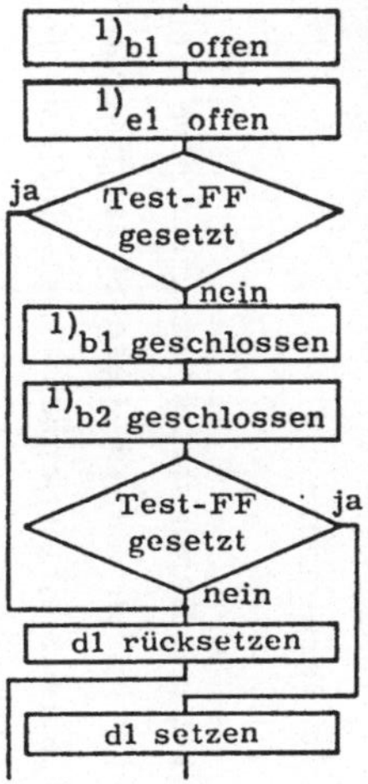 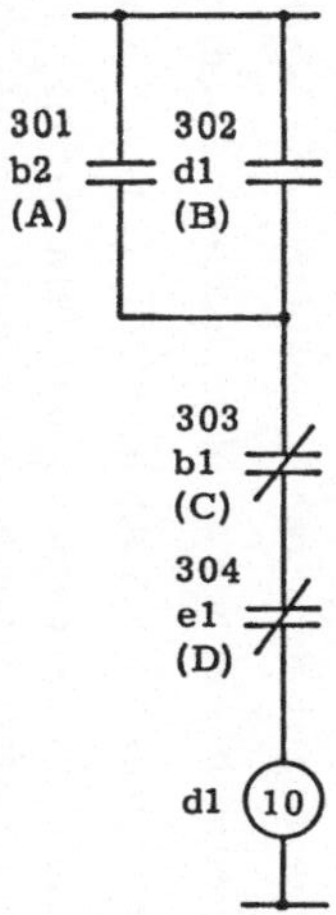 301 b2 (A) — 302 d1 (B) — Befehle werden in der Reihenfolge (A...D) eingegeben 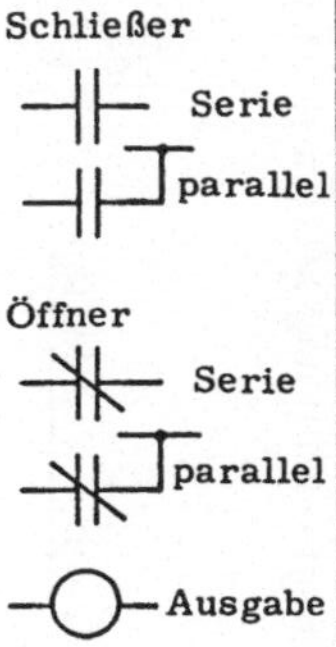 Schließer — Serie / parallel 303 b1 (C) 304 e1 (D) — Öffner — Serie / parallel d1 (10) — Ausgabe	UEN b1 UEN e1 (OE b2 OA d1) AS Erläuterung UEN Eingabe abfragen auf "0" sowie UND Verknüpfung OE Eingabe abfragen auf "L" sowie ODER Verknüpfung OA Ausgabe abfragen auf "L" sowie ODER Verknüpfung AS Ausgabe setzen (UND Klammer auf) UND Klammer zu
	PDP14 DEC	Controller-184 Modicon	S3 Siemens
Grundbefehle: Abfragebefehle Verknüpfungsbefehle Setzbefehle	Ein- und Ausgaben bedingte u. unbedingte Sprünge setzen u. rücksetzen	Ein- und Ausgaben seriell, parallel setzen, wenn Ergebnis wahr	Ein- und Ausgaben UND, ODER, NICHT, Klammer setzen, wenn Ergebnis wahr

Tabelle 4/2: Programmierbeispiele der drei Beschreibungsformen

gesehen werden. Die Erstellung der PC-Steuerprogramme muß dann
über Anpassungsprogramme aus den Entwurfsergebnissen erfolgen,
da eine Vereinheitlichung der Steuerprogramme wegen der Problemanpassung bestehender Geräte nicht sinnvoll erscheint.

Mögliche Programmier-, Test- und Dokumentationshilfen programmierbarer Steuergeräte von der Befehlstastenprogrammierung
bis zur Großrechnerunterstützung stehen im Mittelpunkt des folgenden Kapitels.

4.3.3 Programmier- und Testhilfen

Die Handprogrammierung in der Steuergerätesprache ist sehr auf-
wendig und nur für einzelne Programmkorrekturen denkbar, deshalb erfolgt die Steuerprogrammeingabe sowie das nachfolgende
Austesten und Korrigieren zweckmäßig über ein Zusatzgerät. Diese
Programmier- und Testhilfen sind nach der Inbetriebnahme für
andere Steuergeräte verwendbar.

Programmiergeräte mit Befehlstasten erlauben eine einfache Programmierung direkt in den Schreib-Lese-Steuerprogramm-Speicher
des Steuergeräts oder in einen Schreib-Lese-Speicher im Programmiergerät, wenn das Steuergerät einen programmierbaren Nur-
Lese-Speicher enthält. Der Schreib-Lese-Speicher im Programmiergerät versorgt in diesem Fall das Steuergerät während der Test-
und Inbetriebnahmephase; danach wird das Steuerprogramm in den
Nur-Lese-Speicher des Steuergeräts eingeschrieben.

Mit Programmier- und Testgeräten, die einen Kleinrechner- bzw.
Mikroprozessor als zentralen Steuerteil beinhalten, ist über die
Tastenprogrammierung hinaus ein Steuerfunktionstest der im Programm enthaltenen logischen Funktionen und deren Schaltzustände
mit Hilfe einer Bildschirmanzeige möglich. Darüber hinaus ist es

dann kein Problem, das Steuerprogramm entsprechend der Bildschirmanzeige durch ein Zusatzgerät auszudrucken.

Oft besteht neben der Tastenprogrammierung noch die Möglichkeit
der Programmeingabe über einen Lochstreifen und somit der
rechnergestützten Programmierung. Die Steuerprogrammerstellung
kann dann über einen beim Anwender vorhandenen Digitalrechner
mit Hilfe eines Übersetzerprogramms (Assembler) erfolgen, das
die vereinbarten symbolischen Operationen und die in der Variablen-
liste definierten symbolischen Adressen in das Steuergeräteprogramm
übersetzt, wobei die Software des Digitalrechners für Korrektur -
und Dokumentationsaufgaben mit verwendbar ist.

Für die Programmerstellung in wortverarbeitenden Steuereinheiten
auf der Basis von Mikroprozessoren ist die unterste Stufe die
Assembler-Programmierung, wenn man von der uneffektiven Programmierung in der Prozessorsprache absieht. Verschiedene Hersteller liefern den Assembler mit Makrozusätzen (Unterroutinen)
geladen in einen ROM- oder PROM-Speicher, so daß der Mikroprozessor selbst oder zweckmäßiger ein mit universellen Schnitt-
stellen für Ein- und Ausgabegeräte versehenes Zusatz-Rechengerät
zur Übersetzung verwendbar wird. Für einige Prozessoren stehen
Compiler zur Programmerstellung über eine höhere Programmiersprache zu Verfügung. Doch scheint ihr Einsatz nicht immer sinnvoll, da die Übersetzungs-Redundanz den Speicherplatz und damit
die Rechenzeit bei der Kleinheit der Mikroprozessorsysteme stark
erhöht. Ein Makroassembler stellt hier einen guten Kompromiß
dar [39] .

Der Entwurf des Steuerprogramms für die logische Signalverknüpfung
kann durch den PC-Einsatz erleichtert, in keinem Fall aber von
ihm selbst übernommen werden. Hier bedarf es noch zu entwickelnder

Verfahren und Methoden. Die Beschreibung der Steueraufgabe in
einem Programm und die einfacher bezüglich Wettrennbedingungen
zu durchschauende serielle Abarbeitung des Steuerprogramms ent-
gegen der parallelen bei konventionellen Steuerungen begünstigen
zweifellos ein rechnergestütztes Entwurfsverfahren. Die Aus-
wirkungen der Arbeitsweise programmierbarer Steuerungen mit
logischer Einzelbit-Verknüpfung auf die Steuerprogrammerstellung sind aus diesem Grund Thema des nächsten Abschnitts.

4.4 Hinweise zur Steuerprogramm-Erstellung für die logische

Einzelbit-Verknüpfung

Der Schaltungsentwurf bis zur Dokumentation der Entwurfsergebnisse
soll und kann für programmierbare Steuerungen in der bisher üblichen
Form durchgeführt werden, zumal ein allgemeingültiges, über den
Umfang kleiner Teilaufgaben hinausgehendes Entwurfsverfahren nicht
existiert. Trotzdem bedingt und ermöglicht der Einsatz programmierbarer Steuerungen einige Veränderungen des Entwurfs wegen der grundsätzlich seriellen Abarbeitung, die sich jedoch quasi parallel im Vergleich zu den Stellgliedschaltzeiten auswirkt.

Programmierbare Steuerungen besitzen die Struktur flexibler, endlicher Automaten mit dem Eingabezeichen-Vorrat
$X = \left\{x_1, \dots x_p\right\}$, dem Ausgabezeichen-Vorrat $Z = \left\{z_1, \dots z_q\right\}$
und der internen Zustandsmenge $S = \left\{s_1, \dots s_n\right\}$.
Eine Einordnung programmierbarer Steuerungen in den Bereich
endlicher Automaten soll hier angelehnt an die Variablenarten und
ihre Verarbeitung erfolgen.

Lassen sich in einer programmierbaren Steuerung nur die gegenwärtigen Ein- und Ausgabesignale zu neuen Ausgabesignalen verknüpfen, so ist in ihr ein beliebiges sequentielles Schaltwerk realisierbar.

Programmierbare Steuerungen mit Zwischenfunktions-Verarbeitung
(siehe Abschnitt 4.3.1), die aber keine Abfrage der Ausgabezeichen
erlauben, besitzen die Struktur eines Automaten nach Mealy. Sind
Zwischenfunktionen enthalten und Verknüpfungen der Ausgabezeichen
möglich, dann liegt die Struktur eines erweiterten Automatenmodells
vor, in dem sowohl über die Zwischenfunktionen als auch die Abfrage
der Ausgaben ein sequentielles Verhalten erzeugbar ist.

Aufgrund der einfachen Zwischenfunktionsrealisierung über hochintegrierte Speicherelemente ist das an den Mealy-Automaten angelehnte und das erweiterte Konzept besonders günstig (Bild 4/16).

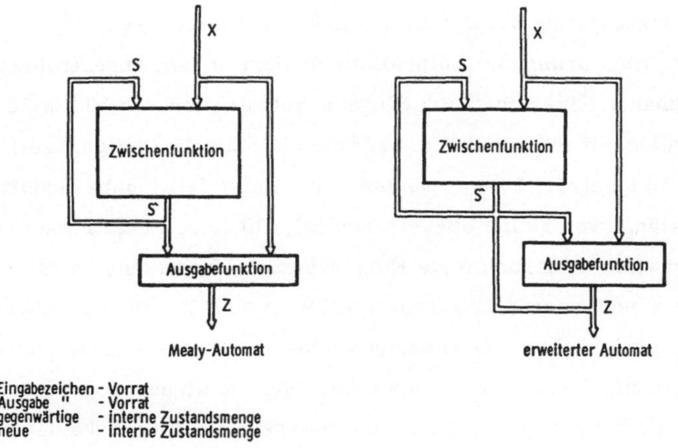

Bild 4/16: Programmierbare Steuerungen als endliche Automaten

Ein Steuergerätekonzept nach dem gemischten Automatenmodell bedingt gegenüber dem von Mealy einen geringfügig höheren Geräteaufwand, ermöglicht aber eine etwas einfachere Steuerfunktionsbeschreibung und die Überwachung der Ausgabesignale.

Wird eine programmierbare Steuerung auch aus synchron arbeitenden

Bausteinen aufgebaut, so ist ihre Signalverarbeitung nicht mit
der eines synchronen Automaten identisch. Der Unterschied liegt
einerseits in den asynchron zum internen Grundtakt eintreffenden
Eingabesignale, wie der seriellen aus vielen Einzelschritten bestehenden Verknüpfungen der Ein- und Ausgabesignale bzw. der
internen Zustände zu neuen Zwischenzuständen und Ausgabesignalen.

Aufgrund der seriellen Abarbeitung des Steuerprogramms ist
es notwendig, daß die Eingabesignale mindestens während einer
vollen Zykluszeit in der einen neuen Geräte- bzw. Automaten-
zustand auslösende Kombination bleiben. Deshalb müssen noch
verarbeitbare Signalimpulse minimal die Länge der Eingabe-
Schaltverzögerung zusätzlich der Zykluszeit aufweisen. Eine
sichere Entstörung und Entprellung fordert in dem angestrebten
prozeßnahen Einsatzbereich Eingabe-Schaltzeiten von 10 bis 20 ms,
die Zykluszeit für 4 k-Worte bei einer Befehlsabarbeitungszeit
von 2, 5 µs beträgt 10 ms, so daß eine minimale Eingabe-Schalt-
impulslänge von 30 ms anzustreben ist. Dieselbe Schaltimpulslänge
fordert eine synchronisierte Eingabesignal-Übernahme, z.B.
mit dem beginnenden Programmzyklus in eine Vorspeicherebene.
Kürzere störsichere Eingabesignale können ohne Eingabesignal-
verzögerung durch mehrmaliges Abfragen im Steuerprogramm verarbeitet oder extern gesteuert in eine spezielle Eingabekarte mit
Pufferspeicher geschrieben werden, der nach einem Programmzyklus für die Eingabe neuer Informationen zur Verfügung steht.

Durch die taktsynchrone, aber schrittweise Abarbeitung des
Steuerprogramms und die damit gekoppelte zeitlich versetzte
Abfrage der zu verknüpfenden Variablen sind Fehlverhalten möglich, die aus einer Verletzung der Grundbedingungen $x \wedge \bar{x} = 0$
und $x \vee \bar{x} = 1$ an eine Boole'sche Variable herrühren. Ein ver-

gleichbares Verhalten zeigen asynchrone Schaltwerke basierend
auf unterschiedlichen Laufbedingungen der Schaltelemente. Diese
sogenannten statischen, dynamischen und essentiellen Hasards [15]
lassen sich einerseits in programmierbaren Steuerungen analog zu
asynchronen Netzwerken durch eine Umstrukturierung bzw. durch
die Einführung redundanter Schaltglieder und Laufzeiten im Programm
verhindern, andererseits können Fehlverhalten dieser Art in PC's
wesentlich eleganter verhindert werden, indem eine Zwischenspeicherung der kritischen Variablen vor oder nach der Funktions-
bildung im Steuerprogramm erfolgt (Bild 4/17).

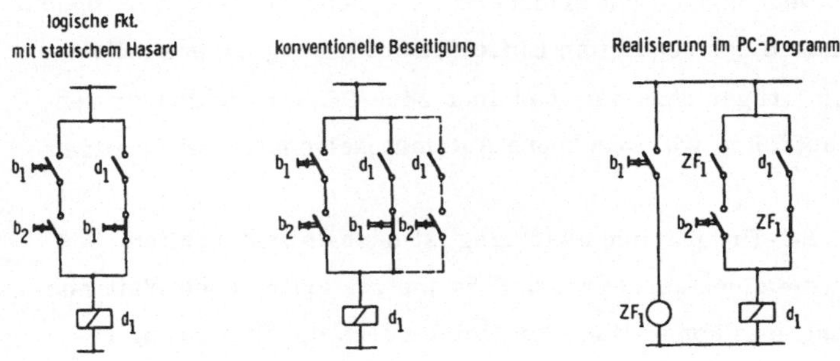

Bild 4/17: Beseitigung eines statischen Hasards in PC's

Werden in einem PC alle verknüpften Variablen vor bzw. nach
ihrer Verarbeitung in dem zyklischen Programm abgefragt und
zwischengespeichert sowie nachfolgend aus den Ausgabe- bzw.
Zwischenfunktions-Speichern abgearbeitet, so gehen

programmierbare Steuerungen in synchrone Automaten mit der
Zykluszeit als Grundtakt über, womit transiente Fehler aus dem
schrittweisen Abarbeiten des Steuerprogramms ausgeschlossen
sind.

Voll synchron arbeitende PC's lassen sich in derselben Weise
hardwaremäßig durch eine getaktete Übergabe der zu verknüpfenden Ein- und Ausgabezeichen bzw. der Zwischenfunktions-Variab-
len mit dem Programmbeginn in Abarbeitungs-Register realisieren.

Der beachtliche Hardwareaufwand dieser Lösung und die für sehr
viele Anwendungen nicht erforderliche synchrone Verarbeitungen,
die zumal in den benötigten Einzelfällen im Programm realisierbar sind, trugen dazu bei, daß auch neue PC-Entwicklungen von
Grund auf keine voll synchrone Automateneigenschaften besitzen.

Für die PC-Programmentwicklung ist deshalb festzuhalten, daß
im Entwurf eines asynchronen Schaltnetzes auftretende Wettrennbedingungen in konventioneller Weise durch die Einführung redundanter Schaltzweige bzw. durch eine einschrittige Zustands-
Codierung beseitigt oder eleganter mit einer künstlichen Synchroni-
sierung durch die Zwischenspeicherung über einen Programmzyklus vermieden werden können.

Programmierbare Steuerungen besitzen zusätzlich mit der Ab-
fragemöglichkeit einer Eingabe-Variablen auf logisch "0" bzw.
"L" einen weiteren Freiheitsgrad gegenüber konventionellen
Steuerungen, der dem Anwender die Verwendung nur einer
Signalart (Öffner bzw. Schließer) oder die Absicherungsmöglich-
keit gegen Drahtbruch bzw. Kurzschluß in den ungefährlichen Zustand erlaubt.

4.5 Wesentliche Geräteentwicklungen

Digital Equipment Corp. stellte 1969 mit der PDP 14 die erste speicherprogrammierbare Steuerung vor. Wenig später erschien der Controller 084 von Modicon. Viele ähnliche Geräte, besonders in den USA, folgten dieser Entwicklung, wie PDQ II und PMC von Allen Bradley Co., der Logitrol von General Electric Co. und verschiedene mehr.

Sämtliche Steuergeräte waren mit einem Nur-Lese-Speicher versehen, der in der Fädelkernspeicher- oder einmalig programmierbaren Halbleiterspeicher-Ausführung vom Hersteller oder Anwender programmiert, im Inhalt aber nur in der Fädelspeicherausführung mit großer Mühe verändert werden konnte.

Aufbauend auf diesen Entwicklungen der ersten Generation entstand in der jüngsten Zeit eine zweite, deren Vorzüge in einer leichteren Programmierung, Veränderung und Testmöglichkeit des Steuerprogramms liegen, basierend auf Schreib-Lese-Kernspeicher oder einem beliebig oft vom Anwender lösch- und programmierbaren Halbleiterspeicher und einem leistungsfähigen Programmier- und Testgerät [38] . Durch die neuen Speichertechniken konnte auch die für eine Anweisung benötigte Lesezeit erheblich verringert werden; dies ist in den viel kleineren Speicherkernen der Schreib-Lese-Speicher bzw. den neuen Halbleitertechniken begründet.

Mit den programmierbaren Steuerungen Industrial 14 stellte Digital Equipment Corp. vor kurzem ihre zweite Generation vor. Die Industrial 14/30 hat 4K-Worte à 12 Bit und ist auf 8K-Worte ausbaubar, die Industrial 14/35 ist mit 8K-Worten voll ausgebaut. Neben 512 Ein- und 256 Ausgaben sind noch 256 interne Funktionen, wie Zeitgeber, Zähler, Schieberegister und Haftspeicher, ansteuerbar.

Die Programmierung kann aus dem Stromlaufplan mit dem Programmiergerät VT 14 oder mit Hilfe Boole'scher Gleichungen über einen Rechner der Familie Industrial 8 (PDP 8) mit zugehöriger Software erfolgen. Das Programmiergerät VT 14, das einen abgemagerten Kleinrechner (PDP 8) beinhaltet, ist mit einem Bildschirm ausgerüstet und erlaubt über die Tastatur die Eingabe und Korrektur des Steuerprogramms.

Das programmierbare Steuergerät, Modell 184, wurde von Modicon aus der Erfahrung mit dem vorangegangenen Controller 084 heraus entwickelt. Das Basissystem der Baureihe 184 besteht aus dem zentralen Verarbeitungsgerät, den Ein- und Ausgabemodulen und dem Netzgerät.

Das zentrale Steuergerät erlaubt die Verarbeitung von Logiklinien mit vier Variablen nach Tabelle 4.2. Sollen weniger verknüpft werden, so wird eine logische Variable mehrfach abgefragt. Umfangreiche Funktionen müssen über eine der vier Variablen je Logiklinie aneinandergereiht werden. Neben logischen Funktionen können auch interne Zeitfunktionen, Zählerlinien, Haftspeicher, Register- und kleine Rechenfunktionen programmiert werden. Nachteilig ist, daß der Controller aufgrund des für die Zusatzfunktionen im Arbeitsspeicher abgelegten Verknüpfungsprogramms eine vergleichsweise lange Reaktionszeit hat.

Die Firma Siemens hat das Steuerungssystem Simatic S um zwei programmierbare Baugruppen, das System S4 und S3 erweitert [2]. Das Steuergerät Simatic S4 ist für wesentlich umfangreichere Aufgaben konzipiert. Es enthält eine Zentraleinheit und zur Signalein- und -ausgabe die Prozeßelemente des Prozeßrechners 320. Die programmierbare Steuerung S3 ist auf die Steueraufgaben der Verfahrenstechnik abgestimmt, sie besitzt als Arbeitsspeicher einen von 512 bis

4096 Wörter à 16 Bit ausbaubaren Schreib-Lese-Kernspeicher. Bis zu
1024 Ein- und Ausgaben können mit diesem Steuergerät versorgt
werden. Zur Zeitbildung stehen 256 vom Programm steuerbare
Zähler zur Verfügung; weiter können bis 1024 interne Signale abgelegt werden. Der gesamte Befehlsvorrat des Steuergeräts Simatic S3
umfaßt 45 Befehle, die sich in Verknüpfungs-, Binär-, Zeitbildungs-,
Hilfsfunktions-, Organisations- und Digitalwertverarbeitungsbefehle
gliedern. Das umfangreiche Steuerwerk bearbeitet zeitmultiplex bis
zu 31 Zweige.

Das programmierbare Steuergerät NCM der AEG ist eine Komponente
für numerische Steuerungen, die das Verknüpfen und Anpassen der NC-
Ausgabesignale mit den Rückmeldesignalen zu den Stellsignalen einer
Werkzeugmaschine erlaubt. Das Steuergerät ist zum Einbau in die
Systeme AEG-Numeric 300 und 400 vorgesehen. Diese Systeme be-
sitzen zwischen der NC-Funktionselektronik und der Ein- und Aus-
gabetechnik eine trennbare Schnittstelle, in die das Steuergerät zur
Übernahme der Funktionssteueraufgaben einfügbar ist (Bild 4/18).

Der Befehlsvorrat umfaßt 21 logische und organisatorische Anweisungen. Neben den üblichen logischen Verknüpfungsbefehlen UND,
ODER ist auch die exklusive ODER-Verknüpfung enthalten. Insgesamt
können bis zu sieben Klammerrechnungen in einer Funktion durchgeführt werden. Das Steuergerät erlaubt das Ansprechen und Abfragen
von maximal 1024 Einzelsignalen, wie direkte oder potentialfreie
Ein- und Ausgaben, Zeitglieder und Zwischenfunktionen. Ein vom
Anwender definierbares Notprogramm, das ein geführtes Stillsetzen
der Gesamtanlage ermöglicht, kann auf einen Paritätsfehler eines
Datenbusses automatisch angewählt werden [13].

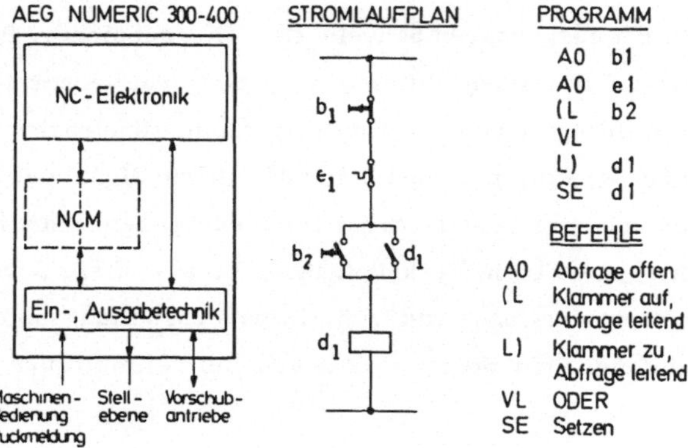

Bild 4/18: Programmierbare Steuerung NCM AEG als
NC-Komponente mit Programmierbeispiel

Die programmierbare Steuerung Procontic S von Brown Boveri & Cie.
ist an die Verriegelungs- und Folgesteuerungsaufgaben der Funktions-
steuerebene angepaßt. Der Befehlsvorrat erlaubt die direkte Programmierung zweistufiger logischer Funktionen aus der Boole'schen
Gleichung (Bild 4/19). Neben den bis zu 512 Eingabe- und 256 Aus-
gabevariablen können maximal 256 Zwischenfunktionsmerker und 256
vom Programm setz- und löschbare Speicher, 16 Register mit 16 Stellen, 16 vier dekadische Vorwahlzähler und 64 interne Zeitglieder angesprochen werden. Die Registerketten, Vorwahlzähler und Zeitwerke
gestatten eine einfache Beschreibung von Folgesteuerungen [23, 54].

Die charakteristischen Daten der fünf vorgestellten programmierbaren Steuerungen und der im Rahmen dieser Arbeit konzipierten
programmierbaren Steuerung PC-ISW für die logische Einzelsignal-
Verknüpfung sind in Bild 4/20 zusammengefaßt.

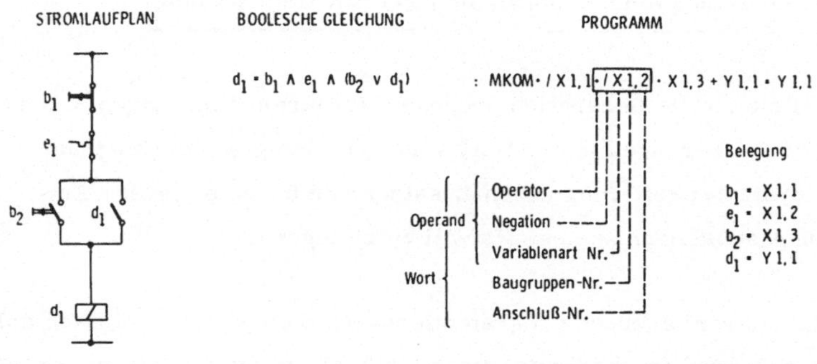

Bild 4/19: Programmierbeispiel mit Anweisungserläuterung
Procontic S BBC

Hersteller Typ	AEG NCM	BBC Procontic S	DEC Industrial 14/30	ISW PC	Modicon Controller−184	Siemens S 3
Speicherart max. Kapazität	PROM (löschb.) 4 K	PROM (löschb.) 4 K	RAM-Kern 8 K	PROM (löschb.) 4 K	PROM, RAM-Kern 4 K	RAM-Kern 4 K
Wortlänge/-zeit	16 Bit/3,2 µs	16 Bit/5 µs	12 Bit/2,5 µs	8 Bit/1,5 µs	16 Bit/10 µs	16 Bit/8 µs
Logik	TTL	TTL	TTL	CMOS	TTL	TTL
Befehle	21	ca. 40	16	24	12	45
Befehlsvorrat angelehnt an:	logische Ver- knüpfungen	logische Ver- knüpfungen	Flußdia- gramm	logische Ver- knüpfungen	Stromlauf- plan	logische Ver- knüpfungen
Eingänge (max) Module	E/A	512 16	512 16	256 16	512 16	1024 16
Ausgänge (max) Module	576 12	256 16	256 16	256 16	512 16	1024 16

Bild 4/20: Kennzeichnende Systemdaten einiger programmierbarer
Steuerungen

4.6 Begründung einer eigenen Steuergeräte-Entwicklung

Obwohl die zweite Generation programmierbarer Steuerungen wesentliche Verbesserungen in der Hardware, der Programmierung und einer Systemerweiterung durch Zusatzgeräte brachte, ist ihr Entwicklungsstand noch keinesfalls voll befriedigend.

So sind die vorliegenden programmierbaren Steuergeräte vielfach auf die Steueraufgaben der Verfahrenstechnik abgestimmt. Besonders die große Zahl verarbeitbarer Ein- und Ausgaben wie die mangelnde Befehlsanpassung an die Steueraufgaben läßt eine wirtschaftliche Realisierung von Steuersystem-Komponenten und Sondersteuerungen für Fertigungseinrichtungen nicht zu.

Für die Einzelbit-Verknüpfungen des Funktionssteuerbereichs sollte deshalb zusammen mit einer Abstimmung der Ein- und Ausgaben eine einfache Beschreibung der Steueraufgaben angestrebt werden. Die Befehlsabstimmung muß deshalb unter Berücksichtigung der zu bildenden sequentiellen und kombinatorischen Einzelfunktionen, der relativ geringen Vermaschung zwischen den anlagebezogenen Funktionsgruppen und der häufig anfallenden Decodieraufgaben erfolgen.

Für den Programmsteuerbereich von Fertigungseinrichtungen ist eine wortorganisierte Steuerdatenabarbeitung anhand von bedingten und unbedingten Sprungbefehlen sowie arithmetischen und organisatorischen Anweisungen vorteilhaft (siehe Kapitel 3). Außerdem sollte die Möglichkeit einer direkten Buskopplung zu einem übergeordneten Steuergerät vorhanden sein.

Darüber hinaus eröffnet die Verkopplung einer einzelbit- mit einer wortverarbeitenden Steuereinheit neue Perspektiven des dezentralen Steuerungsaufbaus mit angepaßten Prozessoren.

Hardwareseitig ist die Verwendung der störsicheren und höher integrierbaren CMOS-Logik zusammen mit den hochintegrierten Speichern und Mikroprozessorbausteinen in n-Kanal-MOS Technologie für den wirtschaftlichen und reaktionsschnellen Steuergeräteaufbau von Vorteil. Unter anderem ist die Anpassung der Datenwege, Speicherworte bzw. der Ein- und Ausgabemodule an die in der Rechnertechnik weitverbreitete Byte-Struktur sinnvoll.

5 Entwicklung eines programmierbaren Steuergeräts

mit Einzelbit-Verknüpfung

Ziel dieser Entwicklung war eine an die Steueraufgaben der Funktionssteuerung für Werkzeugmaschinen und Fertigungseinrichtungen optimal
angepaßte programmierbare Steuerung. Von den in Kapitel 3 genannten
Forderungen an einen PC stand besonders die einfache Programmierung aus dem Kontaktschaltplan oder der Boole'schen Gleichung, die
leichte Veränderbarkeit des Steuerprogramms, eine modulare Erweiterung des Steuergeräts sowie die wirtschaftliche Verwendbarkeit
auch bei kleinen Steuerungsaufgaben im Vordergrund.

5.1 Erforderliche Ein- und Ausgaben bzw. Zwischenfunktionsspeicher

Umfangreiche Untersuchungen von Maschinensteuerungen konventionell
bzw. numerisch gesteuerter Werkzeugmaschinen hinsichtlich der in
Kapitel 2 definierten Funktionstypen ergaben einen prozentualen Anteil der sogenannten Hauptfunktionen HF von (35 ... 80) %, der Zwischenfunktionen ZF von (20 ... 50) % und der Zeitfunktionen TF von
(0 ... 15) %, bezogen auf die gesamten Funktionen. Für Decodieraufgaben wurden (15 ... 40) % aller Funktionen aufgewendet [25].
Die maximale Anzahl der gesamten Funktionen dieser und weiterer
zur Optimierung der Befehlsliste programmierter Maschinensteuerungen war 233 bei 136 Hauptfunktionen, 97 Zwischenfunktionen und
151 Eingaben für ein numerisch gesteuertes Bearbeitungszentrum mit
Werkzeugwechsel.

Aufgrund dieser Untersuchungen konnten erste Erkenntnisse über die
Art und Anzahl benötigter adressierbarer Ein- und Ausgaben bzw.
Zwischen- und Zeitfunktionen gewonnen werden. So ist mit der maximal adressierbaren Ein- oder Ausgaben- bzw. Zwischenfunktionsan-
zahl von 2^8 = 256 genügend Reserve vorhanden.

In der Rechnertechnik und der ihr zugrunde liegenden Halbleitertechnik, deren Bausteine zum Aufbau programmierbarer Steuerungen
Verwendung finden, hat sich als Worteinheit das Byte (1 Byte = 8 Bit)
herausgebildet. Ein Byte ermöglicht die angestrebte Adressierung
von 256 Ein- und Ausgaben bzw. Zwischenfunktionsspeichern.

5.2 Bestimmung der Befehlsliste

Von den geforderten Systemeigenschaften und einigen grundsätzlichen
Ermittlungen und Überlegungen ausgehend kann die Befehlsliste eines
programmierbaren Steuergeräts nur über die Programmierung einer
Vielzahl repräsentativer Schaltungsbeispiele bzw. ganzer Steuerungen
iterativ optimiert werden. Eine umfangreiche und gewissenhafte
Untersuchung ist notwendig, weil die Befehlsliste einerseits die
Eigenschaften und damit das Anwendungsgebiet und andererseits
auch den Geräteaufbau bestimmt, weshalb nachträglich erkannte
Verbesserungen aufwendige Schaltungsänderungen nach sich ziehen.

5.2.1 Abfragebefehle

Die geringe Vermaschung der anlagebezogenen, vertikalen Struktur
einer Funktionssteuerung bis zu den einzelnen Funktionsgruppen gab
weitere Impulse für die Bestimmung der Befehlsliste. So ist es sinnvoll, zu den absolut adressierten Doppel-Byte-Abfragebefehlen zur
Verknüpfung der Funktionsgruppen auch relativ in einem programmierbaren Statusbereich (32 Ein- oder Ausgaben) adressierte Ein-Byte-
Abfragebefehle zur Funktionsgruppenbeschreibung aufzunehmen
(Tabelle 5.1).

Häufig und besonders für die Decodierung sind gleichartige Variablen
über denselben logischen Operator miteinander zu verknüpfen. Aus
diesem Grund ergaben die zuerst untersuchten Befehlslisten auf der

Basis von umfassenden Mehrfach-Abfragen für Decodier- und kleine
Steueraufgaben einen minimalen Programmieraufwand. Jedoch stieg
mit wachsender Steueraufgabe besonders die benötigte Steuerpro-
gramm-Speicherkapazität stark an. Umfangreiche Programmierbeispiele ergaben ein Optimum für Mehrfach-Abfragebefehle von
maximal vier nebeneinander liegenden Ein- oder Ausgaben. Sie sind
insbesondere zur Decodierung von BCD-Signalen sinnvoll. Zu ihrer
vollständigen Befehlsbeschreibung müssen zu der Anfangsadresse die
abzufragenden Plätze durch eine Maske und ihre Prüfung auf "0" oder
"L" mit angegeben werden (Tabelle 5.1).

5.2.2 Verknüpfungsbefehle

Die geforderte einfache Steuerprogramm-Erstellung aus dem Strom-
lauf- oder Logikplan bzw. den Boole'schen Gleichungen erlauben Ver-
knüpfungsbefehle auf der Basis der logischen Operatoren UND bzw.
ODER. Bei der Beschreibung algebraischer Ausdrücke stehen die
Operationszeichen zwischen den Operanden, was der sogenannten
"Infix-Darstellung" entspricht. Eine an diese Beschreibungsform an-
gelehnte Befehlsliste erlaubt die Verbindung der Verknüpfungs- und
Abfragebefehle (Bild 4/19), wodurch der Befehlsvorrat und damit der
Operationsteil ansteigt.

Eine davon abweichende Beschreibung wurde von Lukaziewitz unter
der Bezeichnung "Polnische Notation" oder "Suffix-Darstellung" eingeführt [15]. In ihr werden zuerst sämtliche mit demselben Operator
verknüpften Operanden und dann der Operator angegeben.

Beispiele: "Infix-Darstellung" $Y = (a + b) \cdot (c + d) \cdot e$

           "Suffix-Darstellung" $Y : \quad ab + cd + e \cdot =$

           "Prefix-Darstellung" $Y : = \cdot e + cd + ab$

Diese Notation in umgekehrter Form in "Prefix-Darstellung" ist
für die Beschreibung logischer Funktionen in programmierbaren
Steuerungen vorteilhaft, da sich ein logischer Operator auf zwei und
häufig mehr Variablen bezieht. In dem realisierten PC wurden deshalb getrennte Verknüpfungs- und Abfragebefehle aufgenommen
(Tabelle 5/1).

Die zur Realisierung eines Logikbausteins angestellten Strukturunter-
suchungen von Maschinensteuerungen [25] und weitere Optimierungs-
beispiele der vorliegenden Befehlsliste [10] ergaben, daß zur
Funktionsbeschreibung mit drei logischen Stufen eine ausreichend
komfortable und im Prozessoraufwand vertretbare Lösung vorliegt.
Die Verknüpfungen der einzelnen Ebenen sind grundsätzlich alternie-
rend, wobei die erste logische Stufe eine UND-Verknüpfung ist, begründet in der konjunktiven Grundverknüpfung eines Stromlaufplan-
zweigs bzw. der disjunktiven Normalform (DNF), in der eine vorge-
lagerte UND-Verknüpfung Optimierungsmöglichkeiten bietet [19] .
Beispiel einer vereinfachten logischen Funktion aus der DNF:

$$y = a \wedge b \wedge \left[(c \wedge d \wedge e) \ \vee \ (f \wedge g \wedge h) \ \vee \ (i \wedge j \wedge k) \right]$$

Dreistufige logische Funktionen, beginnend mit einer ODER-Verknüpfung, können ggf. schaltalgebraisch anhand den De Morgan'schen
Regeln in eine ohne Zwischenspeicherung programmierbare Form um-
gewandelt werden.

In der schon als vorteilhaft erkannten "Prefix-Darstellung" bietet sich
die Zusammenfassung der Operatoren zu einer Anweisung für eine
dreistufige logische Funktionsbeschreibung zur Verringerung des
Programm- und Prozessoraufwands an. Dazu kommt noch, daß auch
die "Prefix-Darstellung" eine eindeutige Beschreibung dreistufiger
Funktionen nur mit Hilfe von Klammern ermöglicht, ihre Einführung
erlaubt darüber hinaus die hier nicht erforderliche Beschreibung

beliebigstufiger Funktionen. Weit besser angepaßt an die dreistufige Funktionsbeschreibung ist dann eine abschließende Anweisung, die auch entfallen kann, wenn eine 3-Ebenenverknüpfung stets durch eine der Grundverknüpfungen UND bzw. ODER abgeschlossen wird.

Von den in Tabelle 5/1 zusammengefaßten Verknüpfungsbefehlen repräsentiert die UND-Verknüpfung die niederste logische Stufe, gefolgt von der ODER- und UND ODER-Verknüpfung. Eine ODER-Verknüpfung ist mit einer folgenden Verknüpfung stets konjunktiv gekoppelt. Für die UND ODER-Verknüpfung gilt dasselbe; ihre Grundverknüpfung ist konjunktiv, sie wird mit weiteren UND ODER-Verknüpfungen sowie den abschließenden UND- bzw. ODER-Verknüpfungen disjunktiv verknüpft.

Die Programmierung einer größeren Funktion anhand der ermittelten Verknüpfungsbefehle verdeutlicht Bild 5/1. Darin zeigt sich die relativ gute Anpassung dieser Verknüpfungsbefehle an den Stromlaufplan.

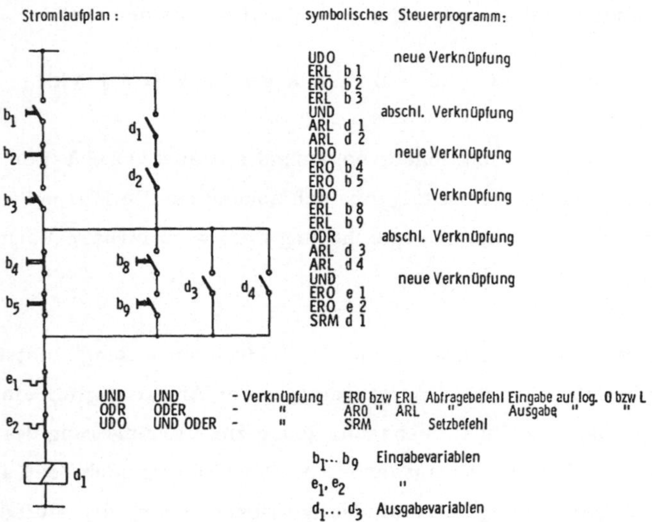

Bild 5/1: Programmierbeispiel mit den logischen Verknüpfungen
UND, ODER und UND ODER

5.2.3 Ausgabebefehle

Die Ausgabeanweisungen sind in Anlehnung an die Abfragebefehle
relativ und absolut adressiert sinnvoll. Zweckmäßig ist neben den
üblichen Setzbefehlen mit Abschluß der Funktion auch eine Ausgabe-
anweisung, die den auszugebenden Zustand in die nächste Verknüpfung
übernimmt. Ihr Vorzug liegt in der Abspeicherung von Zwischenzuständen, ohne daß der ermittelte Funktionszustand zur weiteren Verarbeitung neu aufgerufen wird. Eine Setzanweisung bei nicht erfüllten
Verknüpfungsergebnissen ermöglicht darüber hinaus die einfache Ausnutzung der De Morgan'schen Regeln.

5.2.4 Organisationsbefehle

Aufgabe der Organisationsanweisungen ist die Vorgabe der gewünschten Ein- und Ausgabebereiche, in denen eine relative Adressierung
möglich ist. Anhand einer weiteren organisatorischen Anweisung sollte
ein Programmende vorgebbar sein, um nicht immer den vollen
Speicherbereich zu durchlaufen. Die Möglichkeit,durch den Steuervorgang bestimmte Programmzweige zu aktivieren bzw. zu sperren,
erleichtert das Programmieren verschiedener Betriebsarten, wie
dies z.B. für den alternativen Hand- oder Automatikbetrieb erforderlich ist. Da auf Sprungbefehle zugunsten einer schrittweisen, ohne
Befehlsadressierung ablaufenden Programmabarbeitung verzichtet
wurde, soll hierfür ein der Befehlsstruktur besser angepaßter
bedingter Sperrbefehl der Ausgabesignale aufgenommen werden.
Weiter wird zur vorausschauenden Platzreservierung für später
eingefügte Funktionen und für die Erzeugung von Wartezeiten ein Befehl
ohne Auswirkung (NOP) benötigt.

5.2.5 Entwickelte Befehlsliste

In Tabelle 5/1 ist der ermittelte Befehlsvorrat enthalten, neben einer

	mnemotechn. Code	Maschinenbefehle 1. Byte $D_7 \dots D_0$	2. Byte $D_7 \dots D_0$
1 Verknüpfungsbefehle			
UND	UND	0 0 0 0 0 0 0 L	
ODER	ODR	0 0 0 0 0 0 L 0	
UNDODER	UDO	0 0 0 0 0 0 L L	

2 Abfragebefehle

		1. Byte	abs. Adr.
a) Einfach absolut			
Eingabe 0	EAO	0 0 0 0 L 0 0 0	
Eingabe L	EAL	0 0 0 0 L 0 0 L	
Ausgabe 0	AAO	0 0 0 0 L 0 L 0	
Ausgabe L	AAL	0 0 0 0 L 0 L L	
ZF 0	ZAO	0 0 0 0 L L L L	
ZF L	ZAL	0 0 0 0 0 L L L	

		rel. Adr.	
b) Einfach relativ			
Eingabe 0	ERO	0 0 L	
Eingabe L	ERL	0 L 0	
Ausgabe 0	ARO	L 0 0	
Ausgabe L	ARL	0 L L	

		rel. Adr.	Maske Abfr. 0/L
c) Mehrfach relativ			
Eingabe	ERM	L L 0	
Ausgabe	ARM	L 0 L	

3 Ausgabebefehle

		rel. Adr.	
a) Relativ			
Setzen mit Abschluß	SRM	L L L	

		1. Byte	abs. Adr.
b) Absolut			
Setzen mit Abschluß	SAM	0 0 0 0 L L 0 0	
Setzen negiert "	SAN	0 0 0 0 L L L 0	
Setzen ZF mit "	SZM	0 0 0 0 0 L 0 L	
Setzen ZF kein "	SZK	0 0 0 0 0 L L 0	

4 Organisationsbefehle

		Status	
Eingabe-Status	EST	0 0 0 L 0	
Ausgabe-Status	AST	0 0 0 L L	
Programm-Ende	PED	0 0 0 0 0 L 0 0	
Sperren der Ausgabe wenn Zust. FF1 = 0	SPA	0 0 0 0 L L 0 L	
Keine Operation	NOP	0 0 0 0 0 0 0 0	

$D_0 \dots D_7$ Datenbits

FF   Flip Flop

ZF   Zwischenfunktion

Tabelle 5/1: Entwickelte Befehlsliste des Einzelbit-Prozessors

kurzen Befehlscharakterisierung sind die mnemotechnischen Befehls-
abkürzungen und die Maschinenbefehle mit angegeben.

Die vorgestellten Verknüpfungsbefehle sind Ein-Byte-Befehle. Alle
absoluten Abfragebefehle der Ein- und Ausgaben bzw. der Zwischenfunktionen auf logisch "0" bzw. "L" sind nur als Doppel-Byte-Befehle
realisierbar, wobei die Abfrageadresse im zweiten Byte steht. Die
relativen Abfragebefehle finden in einem Byte Platz. Sie werden zusammen mit den über die beiden Statusbefehle vorgegebenen Ein-
oder Ausgabebereichs-Bits zu einer vollständigen Adresse ergänzt.
Als einzige Doppel-Byte-Befehle sind die Mehrfach-Abfragebefehle
relativ adressiert, womit das zweite Byte für die schon erläuterte
Maske und die Abfrage auf "0" oder "L" zur Verfügung steht.

In der dritten Befehlsgruppe sind die Setzbefehle zusammengefaßt.
Setzbefehle mit Abschluß löschen den ermittelten Zustand der ausgegebenen Funktion. Der Zwischenfunktions-Setzbefehl SZK übernimmt
den ausgegebenen Funktionszustand in die nächste Verknüpfung. Zusätzlich ermöglicht der Befehl SAN eine Negation, d.h. das Setzen
einer Ausgabe, wenn das Verknüpfungsergebnis nicht erfüllt ist.

Die ersten zwei Organisationsbefehle bestimmen wie verdeutlicht
über 3 Status-Bits den absoluten Bezugspunkt der relativen Befehle.
Der Programm-Ende-Befehl leitet einen neuen Programmdurchlauf
ein, indem er den Befehlszähler auf Null stellt. Der abschließende
Befehl SPA der Befehlsliste sperrt die nachfolgenden Ausgaben, wenn
die zuvor programmierte logische Funktion nicht wahr ist, bis auf
einen "Setzbefehl mit Abschluß der Funktion" ein erneuter Befehl SPA
einprogrammiert ist. Damit lassen sich bestimmte Programmzweige
ausschalten.

Die Befehlsverteilung zweier vollkommen programmierter Funktionssteuerungen in Bild 5/2 verdeutlichen die Anwendbarkeit der relativen Adressierung sowie der Mehrfach-Abfragebefehle. Eine Extrapolation der Eingaben an die Systemgrenze fordert einen maximal auf 4 K-Byte ausbaubaren Steuerprogrammspeicher.

Hardware-Aufwand	Funktionssteuerung	
	Rundtisch-Maschine	NC-Drehmaschine
Eingaben	78	67 [1](256)
Zwischenfunktions-Speicher	15	61
Ausgaben	81	59
Zeitfunktionen	12	20
Software Aufwand		
Verknüpfungsbefehle	182	140
Abfrage-Befehle einfach absolut	84	77
Abfrage-Befehle einfach relativ	540	368
Abfrage-Befehle mehrfach relativ	15	125
Ausgabe-Befehle absolut	10	4
Ausgabe-Befehle relativ	128	98
Organisationsbefehle	12	19
Summe der Befehle S_B	869	831
Summe der Speicherplätze in Byte S_{Byte}	955	1037 [1](3960)
Zykluszeit $t_{Zyk} = S_{Byte} \cdot t_{Byte}$	1,4 ms	1,6 ms
t_{Byt} Verarbeitungszeit für ein Byte	1,5 µs	
Summe der verknüpften Variablen bei minimaler Beschreibung S_V und Summe der erzeugten logischen Funktionen S_F $S_V + S_F$	631	681
Verhältnis $\dfrac{S_{Byte}}{S_V + S_F}$	1,45	1,5

[1](Extrapoliert an die Gerätegrenze)

Bild 5/2: Hardware- und Software-Aufwand für zwei Funktions-
      steuerungen

5.3 Gerätestruktur und Arbeitsweise

Die wesentlichen Baugruppen des realisierten Steuergeräts und ihre Daten- und Adreßverbindungen sind in Bild 5/3 zusammengefaßt. Über die Eingabeebene wird der Prozessor mit der Steuerinformation bzw. dem Anlagezustand versorgt, der die Eingabesignale und Internzustände entsprechend den im Programmspeicher enthaltenen Steuer-

anweisungen zu neuen Ausgabesignalen und internen Zuständen verknüpft. Die Ausgabeebene gibt die erzeugten Ausgabesignale leistungs-
verstärkt an die Stellglieder weiter. Als Leistungsausgabe stehen
kurzschlußfeste Gleichstromausgaben bis 2,5 A und 48 V sowie 220 V,
2 A Wechselstrom-Ausgaben über Triacs auch für induktive Lasten
zur Verfügung. Außer der Triackarte mit 8 Ausgaben enthalten alle
Karten 16 Ein- oder Ausgaben.

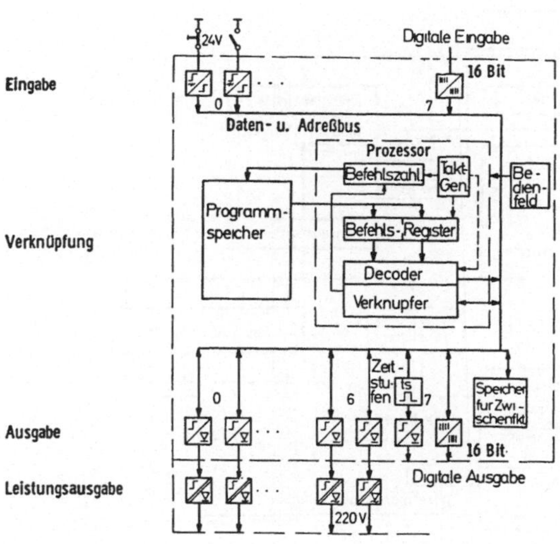

Bild 5/3: Steuergeräte-Struktur

Die Arbeitsweise des programmierbaren Steuergeräts kann dem
Blockschaltplan in Bild 5/4 entnommen werden. Der vom Taktgenera-
tor oder über den Handtakt hochgezählte Befehlszähler adressiert
den Steuerprogrammspeicher. Abhängig vom ersten Byte einer Anweisung, das im Befehlsregister BR1 abgelegt wird, folgen die weiteren internen Verarbeitungsschritte. Den Adressen relativer Befehle
wird, bevor sie auf den Adreßbus gelangen, der Ein- bzw. Ausgabe-
status angefügt. Absolute Adressen sind direkt vom Befehlsregister

BR2 über den Adreßbus zur Decodierung der Eingabe-, Ausgabe-
und Zwischenfunktions-Plätze verwendbar.

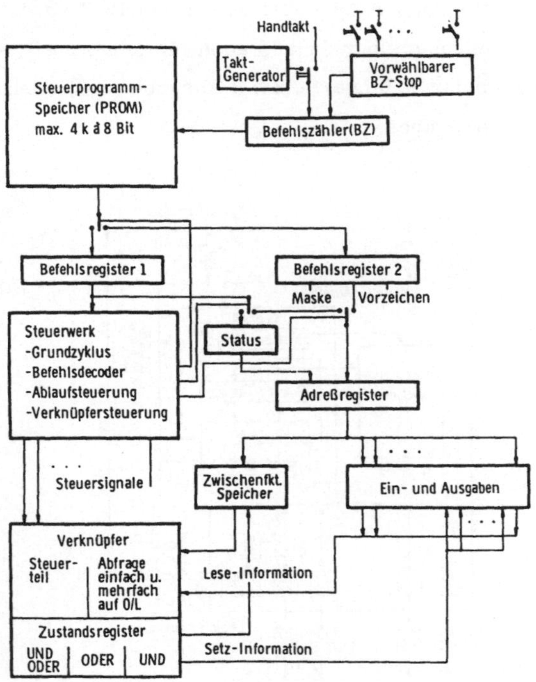

Bild 5/4: Funktionsplan des entwickelten PC

Die Mehrfach-Abfragen werden entsprechend den Einzelabfragen in
vier Unter-Abfragen aufgelöst und verarbeitet. Der Verknüpfer prüft
die Abfragesignale entsprechend der Abfrage auf "0" bzw. "L" und
verknüpft sie abhängig von dem zuvor ausgewählten logischen Operator
im Zustandsregister. Eingeleitet von der aufgerufenen logischen Verknüpfung oder einem Setzbefehl wird ein neuer Verknüpfungszweig
vereinbart und der bestehende abgeschlossen bzw. eine Ausgabe- oder
Zwischenfunktionszelle gesetzt. Der vorgebbare automatische Pro-

grammzähler-Stop erleichtert insbesondere das Austesten längerer Steuerprogramme.

5.4 Verknüpfer

Zentrale Baugruppe des Prozessors ist der Verknüpfer; in ihm sind die logischen Verarbeitungsfolgen und Merkmale der Befehlsliste realisiert.

Das Zustandsregister (Bild 5/5) ist die Grundfunktionseinheit des Verknüpfers. Es besteht aus drei den Logikstufen zugeordneten und entsprechend ihrer logischen Operation verknüpften und rückgekoppelten Speicherelementen. Der Vorzug dieses Zustandsregisters liegt in den seriellen UND- bzw. ODER-Verknüpfungen der drei logischen Stufen, die in den verknüpfbaren Variablen, d.h. der logischen Breite, letzten Endes nur durch die Steuerprogramm-Kapazität begrenzt sind.

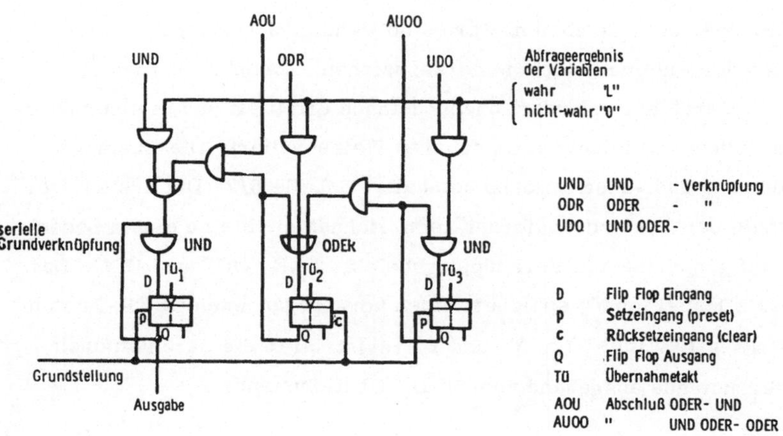

Bild 5/5: Prinzipschaltbild des Zustandsregisters

Nachdem eine Verknüpfung aufgerufen ist, kann das Einschreiben in
den aktivierten Speicher durch die Abfragebefehle erfolgen. Der
Grundzustand des UND bzw. UND ODER-Speichers ist "L", der
des ODER-Speichers "0". In einem UND-rückgeführten Zustandsspeicher bleibt eine "L" nur solange erhalten, bis ein Abfrageergebnis "0", d.h. nicht wahr ist. Ein einmal rückgesetzter Speicher dieser Verknüpfungsart ist vor dem logischen Funktionsabschluß durch
einen Setzbefehl nicht mehr setzbar. Der im Grundzustand gelöschte
ODER-Speicher wird durch ein wahres Abfrageergebnis gesetzt, er
bleibt dann gesetzt bis zum Abschluß der logischen Verknüpfung. Der
Aufruf eines neuen logischen Operators oder einer Setzfunktion leitet
die Übergabe des zuvor ermittelten logischen Zustands der Zustandsspeicher abhängig vom bestehenden und neu aufgerufenen Operator
ein oder schließt den Speicherinhalt zum Funktionszustand ab. Hierfür sind die Signale "Abschluß UND ODER nach ODER (AUOO)" bzw.
"Abschluß ODER nach UND (AOU)" notwendig.

Zur Vereinfachung der Analyse notwendiger Abschlußsignale und der
Synthese eines Netzwerks zur Abschlußsignalbildung auf einen Ver-
knüpfungs- oder Setzbefehl war es notwendig, Schaltungsentwurfs-
hilfen der Automatentheorie heranzuziehen. Zunächst wurden die für
den Steuerablauf erforderlichen Zustände ermittelt und in einer über-
sichtlichen und leicht realisierbaren Weise codiert. Die Zustandscodierung und -beschreibung beinhaltet Tabelle 5/2. Die ersten drei
Signale der Zustandscodierung kennzeichnen die bis zu einem neuen
Aufruf gespeicherten Verknüpfungsbefehle UND, ODR und UDO. Das
Zusatz-Flip-Flop Y_4 speichert einen vorangegangenen ODER-Zustand
und die Flip-Flops Y_1, Y_2 und Y_3 registrieren die durchlaufenen
Unterzustände ausgehend vom UND ODER-Zustand.

Neben dem Grundzustand f_0 und den Zuständen der drei Verknüpfungsebenen f_1, f_2 und f_3 sowie dem abschließenden Zustand f_4 der dritten

| gegenwärtiger Zustand | Zustandsfunktion f_s: nächster Zustand | | | | | | | | Ausgabefunktion f_z: Ausgabezeichen | | | | | | | |
| | T_1 | | | | T_2 | | | | T_1 | | | | T_2 | | | |
UND ODR UDO $Y_1\ Y_2\ Y_3\ Y_4$	UND	ODR	UDO	S	UND	ODR	UDO	S	UND	ODR	UDO	S	UND	ODR	UDO	S
f_0 0 0 0 / 0 0 0 0	f_0	f_0	f_0	f_0	f_1	f_2	f_3	f_0	-	-	-	-	UND	ODR	UDO	F
f_1 L 0 0 / 0 0 0 0	f_1	f_1	f_1	f_1	f_1	f_2	f_3	f_1	UND	UND	UND	UND	UND	ODR	UDO	UDO
f_2 0 L 0 / 0 0 0 L	f_2	f_2	f_2	f_2	f_1	f_2	f_3	f_2	AOU ODR	AOU ODR	AOU ODR	AOU ODR	UND	ODR	UDO	ODR
f_3 0 0 L / L L L 0	f_4	f_4	f_4	f_4	f_4	f_2	f_3	f_4	AUOO UDO	AUOO UDO	AUOO UDO	AUOO UDO	UDO	ODR	UDO	UDO F
f_4 0 0 L / 0 L L 0	f_{41}	f_{41}	f_{41}	f_{41}	f_1	f_2	f_3	f_1	AUOO UDO AOU	AUOO UDO AOU	AUOO UDO AOU	AUOO UDO AOU	UDO	ODR	UDO	UND

UND   UND-Verknüpfung $Y_1 \ldots Y_4$ Zustandsspeicher   S   Setzfunktion $f_0 \ldots f_4$ Zustände
ODR   ODER-"   F   Fehlverhalten   AOU   Abschluß ODER nach UND f_{41} 0 0 L 0 0 L 0
UDO   UND-ODER-" T_1, T_2 Zeittakte   AUOO   Abschluß UND ODER nach ODER

Tabelle 5/2: Zustandsbeschreibung und Ausgabefunktion des Verknüpfersteuerwerks

Verknüpfungsebene war ein fünfter Zustand f_{41} zur Verwirklichung des Doppelabschlusses von der dritten zur zweiten und dann in die erste Verknüpfungsstufe notwendig. Die Zustandsfunktion f_s beschreibt den Übergang auf einen Verknüpfungs- oder Setzbefehl von einem gegenwärtigen Zustand in den Befehlsuntertakten T_1 und T_2 zusammen mit den geforderten Ausgabezeichen, die die Ausgabefunktion f_z darstellen (siehe Tabelle 5/2).

Die gesuchten Steuerfunktionen des Verknüpfersteuerwerks ergeben sich aus der Zustands- und Ausgabefunktion über die disjunktive Verknüpfung der Vollkonjunktionen (DNF) für jedes Abschluß- und Übergabesignal [10], z.B. für das Abschlußsignal ODER nach UND "AOU":

$$AOU = (T_1 \wedge f_2) \; \vee \; (T_1 \wedge f_{41})$$

f_2 ist eindeutig durch Y_4 gekennzeichnet

f_{41} " " " $Y_1 \wedge Y_2 \wedge Y_3$ "

Damit ist:

$$AOU = (T_1 \wedge Y_4) \; \vee \; (T_1 \wedge Y_1 \wedge Y_2 \wedge Y_3)$$

Die Zustandsfunktion und die während eines Zustandsübergangs erzeugten Ausgabezeichen in Tabelle 5/2 sind in Bild 5/6 anhand des zugehörigen Zustandsgraphen verdeutlicht.

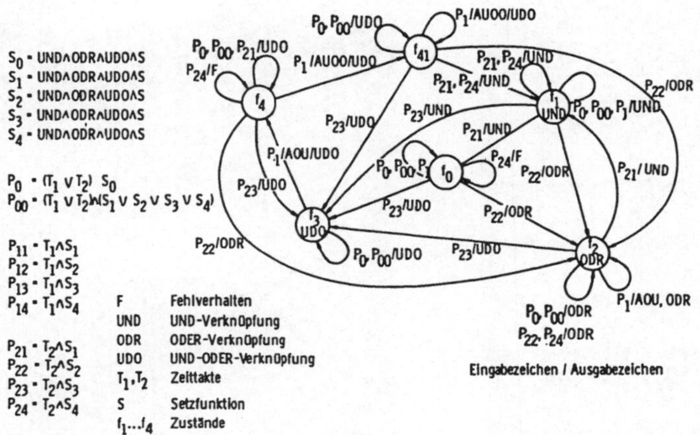

Bild 5/6: Zustandsgraph des Verknüpfersteuerwerks

5.5 Speicher und Steuerlogik

Aufgrund der Kompatibilität zur Steuerlogik, des geringen Platzbe-
darfs wie der kleinen Modulgröße, die eine Anpassung der Speicherkapazität an die Steueraufgabe zulassen, wurde als Steuerprogrammspeicher ein in Silicongate-Technologie (siehe Abschnitt 4.2.3) auf-
gebauter, mit UV-Strahlen löschbarer und beliebig oft wieder
programmierbarer MOS-Speicher ausgewählt. Die 4 K-Worte à
8 Bit fassende Steuerprogrammspeicher-Karte zeigt Bild 5/7
zusammen mit einer Vergrößerung des in einem Speicherelement
enthaltenen Chips für 256 Worte à 8 Bit .

Der Zwischenfunktionsablage-Speicher ist im Gegensatz zum Programmspeicher ein 256 Bit n-Kanal-MOS Schreib-Lese-Speicher
mit an die Gerätestruktur angepaßtem Einzelbit-Zugriff.

Bild 5/7: PROM-Speicher 4 K Worte à 8 Bit und Vergrößerung

eines Speicherchips mit 256 Worten à 8 Bit

Wegen der für prozeßnahe Steuergeräte geforderten hohen Störsicherheit ist die Steuerlogik des Prozessors wie die der Ein- und Ausgabekarten in komplementärer MOS-Technologie aufgebaut (siehe Abschnitt 4.2.2). Die nicht allzu hohe Grenzfrequenz von 10 MHz bei 15 V für CMOS-Schaltelemente ist gerade noch ausreichend höher als die Lesefrequenz des verwendeten Programmspeichers. Der anfänglich hohe Preis für CMOS-Schaltkreise ist heute nur noch unwesentlich höher gegenüber TTL-Schaltelementen, so daß der niedere Leistungsverbrauch und die geringeren Entstörmaßnahmen für CMOS eine Systemkostenverringerung bedeuten.

Ein realisiertes Steuergerät in einem Rahmenausbau für maximal 256 Eingaben und 160 Ausgaben mit Leistungsverstärkung zeigt Bild 5/8.

Bild 5/8: Aufbau des einzelsignal-verarbeitenden Steuergeräts
PC -ISW

6 Erweiterung der programmierbaren Steuerung mit Einzelbit-Verknüpfung durch einen wortverarbeitenden Steuergeräteteil

Der Anstoß zur Erweiterung des programmierbaren Steuergeräts entstammt der Steuerung eines Hochregallagers und hier insbesondere der Positionierung des Regalfahrzeugs, die voll von dem entwickelten Steuergerät zu übernehmen war. Nachdem eine Erweiterung des Steuergeräts auch für informationsverarbeitende Aufgaben des prozeßnahen Steuerbereichs sinnvoll schien, stand ein möglichst allgemein anwendbares erweitertes Steuergerät im Vordergrund der Entwicklung (siehe Abschnitt 3.3).

Ein derartiges Steuergerät bietet über den prozeßnahen Funktionssteuerungsbereich hinaus nahezu ideale Möglichkeiten des Einsatzes als Programmsteuerung. So ist es mit einem hohen Maß an Flexibilität möglich, die Steueraufgaben einer numerischen Steuerung zusammen mit der Maschinensteuerung oder Teile aus einem untergeordneten Fertigungs-Steuersystem voll zu übernehmen.

6.1 Auswahl und Eigenschaften des wortverarbeitenden Prozessors

Eine Erweiterung des im vorigen Kapitel 5 vorgestellten Steuergeräts wurde zunächst anhand eines Rechenwerks untersucht, in dem die vorhandenen 4-fach-Abfragebefehle ERM und ARM ein 4 Bit breites Rechenwerk versorgen. Obwohl die heute verfügbaren Rechenbausteine die arithmetischen Grundoperationen enthalten, ist für die Ansteuerung und den Datentransport sowie die Zwischenspeicherung in einem Schreib-Lese-Speicher eine umfangreiche Hardware notwendig. Hinzu kam eine etwas umständliche, undurchsichtige Programmierung anhand des erweiterten Befehlsvorrats, so daß eine Lösung mittels eines zusätzlichen Prozessors mit Wortverarbeitung vorteilhaft erschien.

Als optimaler Zweit-Prozessor für die arithmetischen und organisatorischen Steueraufgaben erwies sich ein an die Byte-orientierte Wortstruktur des PC-Programmspeichers angepaßter Mikroprozessor (siehe Abschnitt 4.2.4), der zur Verbesserung der Realzeit-Eigenschaften über einen Unterbrechungs-Betrieb (Interrupt-Verwaltung) verfügt.

Aufgrund der angestrebten schnellen und ohne großen Hardware-aufwand realisierbaren direkten Speicher-Kopplung (DMA) der beiden Prozessoren zur Steuerdaten-Übergabe, der Programmspeicher-Kompatibilität zu der im vorigen Kapitel 5 vorgestellten Entwicklung und eines möglichst ausgereiften, verfügbaren Mikroprozessors der zweiten Generation zeichnete sich sehr schnell ein Steuergeräte-konzept ab.

So erwies sich der von Intel seit Mitte 1974 lieferbare erste n-Kanal-MOS-Mikroprozessor, die 8 Bit CPU 8080, als geeignet. Sie stellt das Herz des MCS 80-Mikrocomputers dar. In diesem System stehen eine Reihe von Zusatzbausteinen, wie Takttreiber, 8 Bit-Ein- und Ausgabepuffer und mehrere RAM-, ROM- und PROM-Speicher zur Verfügung. Darüber hinaus wird das MCS 80-System in absehbarer Zeit durch weitere Bausteine, wie einen bidirektionalen Bustreiber, einen universellen Kommunikations-Baustein und zwei neue PROMs erweitert.

Der Mikroprozessor-Baustein verfügt über einen 2 µs Befehlszyklus aufgrund der um den Faktor 3 bis 4 schnelleren n-Kanal- gegenüber der p-Kanal-MOS-Technik. Der Mikroprozessor erlaubt über 16 getrennt geführte Adreßbits die direkte Adressierung von 64 K Byte-Speichern. Der gegenüber dem Vorgängermodell erweiterte Befehls-satz von 78 Grundbefehlen erleichtert zusammen mit den 6 allge-meinen Registern die Programmierung und reduziert den Programm-

speicher-Aufwand. Darüber hinaus erlaubt ein 16 Bit breiter Stack-
Zähler die nahezu unbegrenzte hardwaremäßige Verschachtelung
von Unterroutinen durch den Einsatz eines externen Stacks, z.B.
im oberen Datenspeicher-Bereich, in dem der Stack-Zähler den
adressierten Datenspeicher zu einem LIFO (last in first out) Speicher
umfunktioniert. Verwendung findet diese Verschachtelung von Sprung-
adressen auch für die Verwaltung der 8 verschiedenen Hardware-
Interrupt-Ebenen. Die von der CPU 8080 erfüllte Möglichkeit des
direkten Daten-Speicher-Zugriffs (DMA) zur Steuerdatenvermittlung
zwischen den beiden Prozessoren ist für dieses Steuerungskonzept
äußerst wichtig.

6.2 Kopplung der Prozessoren

Mit entscheidend über die Leistungsfähigkeit dezentraler Steuereinheiten ist der Kopplungsaufwand. Er läßt sich durch eine korrespon-
denzarme Steueraufgabenaufteilung und ein effektives Koppelprinzip
verringern. Eine Verkopplung ist hier prinzipiell programmge-
steuert oder durch einen direkten Speicherzugriff beider Prozessoren
möglich. Aufgrund der schnelleren und leichter synchronisierbaren
Übergabe wurde die direkte Speicherkopplung über den Datenspeicher
des wortverarbeitenden Prozessors vorgezogen, wobei der Einzelbit-
Prozessor zur Beschleunigung seiner ohnedies großen Zykluszeit
die höhere Priorität besitzt.

Die Korrespondenz zwischen den beiden Prozessoren erfolgt auf
einen Halte-Anruf (HOLDR) des einzelsignalverknüpfenden Prozessors
an den Mikroprozessor, worauf die CPU 8080 in einen HOLD-Zustand
geht, den sie erst mit der Wegnahme des HOLD-Anrufes verläßt.
Während dieses HOLD-Zustands schaltet sich der Mikroprozessor
vom Daten- und Adreßbus ab und gibt ihn für den Datenspeicher-
Zugriff des Einzelbit-Prozessors frei. Die Übergabesignale können

dann in den ersten 64 Worten des Datenspeichers vom Einzelbit-Prozessor abgelegt und in den folgenden 64 Worten abgeholt werden. Der wortverarbeitende Mikroprozessor kann selbstverständlich außerhalb des HOLD-Zustands auf den vollen Datenspeicher zugreifen.

Der reservierte Datenspeicherbereich des Mikroprozessors wurde so ausgelegt, daß er für die Übernahme sämtlicher 256 Ein- und Ausgabesignale des einzelbitverarbeitenden Prozessors Platz bietet und zusätzlich die Übergabe derselben logischen Variablenzahl vom wort- zum einzelbitverarbeitenden Prozessor erlaubt, wobei freie Übergabeplätze vom Einzelbit- zum Wortprozessor in umgekehrter Richtung für die Einzelbit-Übergabe genutzt werden können, da vom Wort- zum Einzelbit-Prozessor aufgrund der übergeordneten Stellung des wortverarbeitenden Steuerteils häufig mehr Information abgegeben wird.

Als Übergabeanweisungen wurden sechs Befehle im einzelbitverknüpfenden Prozessor auf der Basis von Mehrfach-Abfragebefehlen eingeführt. Das erste Paar ermöglicht die Übergabe von je 4 Ein- oder Ausgabesignalen aus dem Einzelbitbereich in das rechte oder linke Teilwort der ersten 64 Worte des Datenspeichers. Zwei weitere Befehle erlauben die gezielte Abfrage von einem Übergabesignal im rechten oder linken Bereich der ersten 128 Datenspeicher-Worte. Eine Vierfachabfrage der rechten oder linken Halbworte des zweiten 64 Worte umfassenden Datenspeicherbereichs ermöglichen die zwei letzten der sechs Übergabebefehle. Den Aufbau der Übergabebefehle sowie die ansprechbaren Datenspeicherbereiche erläutert Bild 6/1.

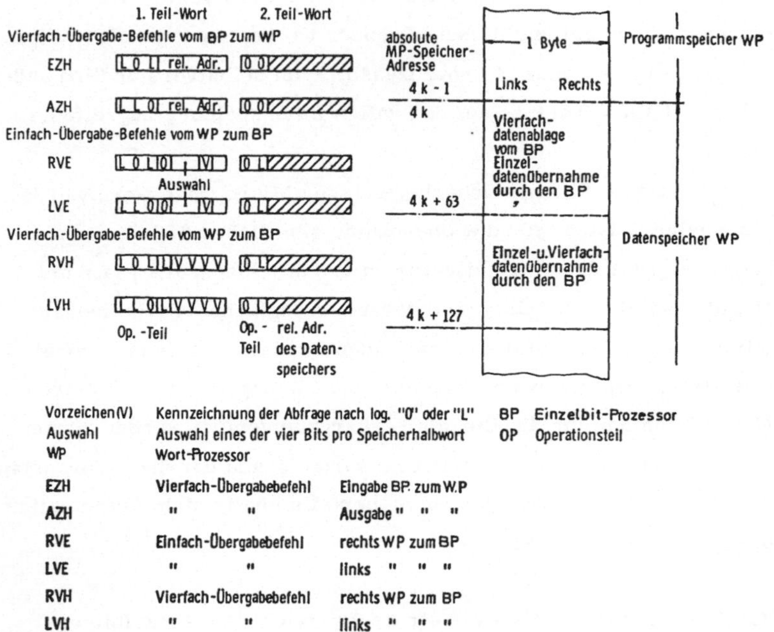

Bild 6/1: Korrespondenz-Befehle des Einzelbit-Prozessors

mit dem Datenspeicher des Wort-Prozessors

6.3 Gesamtes Steuerungskonzept

Den Blockschaltplan des erweiterten Steuergeräts zeigt Bild 6/2.
Der linke Geräteteil wird von dem in Kapitel 5 vorgestellten programmierbaren Steuergerät mit Einzelbit-Verarbeitung repräsentiert. Der rechte Teil beinhaltet den byte-strukturierten Mikroprozessor mit dem zugehörigen Programm- und Datenspeicher
sowie der Digitalein- und -ausgabe .

Als Programmspeicher-Baustein dient der im einzelbitverarbeitenden Steuergeräteteil verwendete löschbare PROM mit 256 Worten

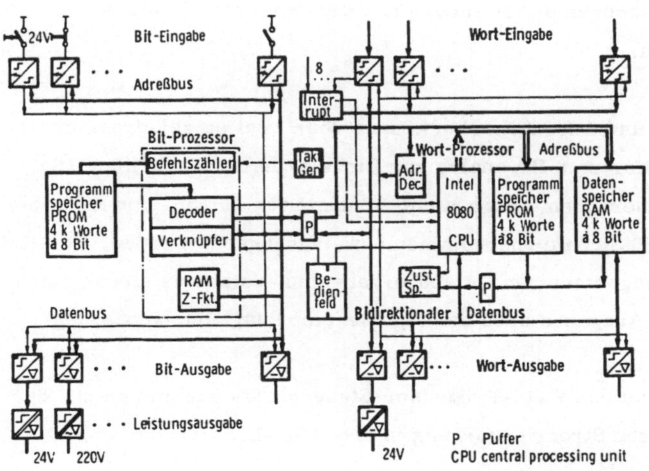

Bild 6/2: Blockschaltbild des erweiterten programmierbaren
Steuergeräts mit Einzelbit- und Wort- Verarbeitung

à 8 Bit. Der zur Ablage von Listen bzw. Steuerzuständen und als
Koppelspeicher benötigte Datenspeicher ist als statischer RAM-
Speicher ausgeführt, da dynamische RAM's insbesondere für sehr
schnelle Speicher großer Kapazität wirtschaftlich sind (siehe Abschnitt 4.2.3). Die für den Grundausbau vorgesehenen Karten erlauben eine Speicherkapazitäts-Erweiterung für den Programm- und
Datenspeicher bis zu je 4 K Worte à 8 Bit. Ein weiterer Ausbau
scheint nur für umfangreiche Steueraufgaben notwendig, ist aber
prinzipiell in Schritten von 4 K Worten à 8 Bit möglich.

Das entwickelte Interrupt-Netzwerk besitzt entsprechend der
CPU 8080 acht einzeln absperrbare Interrupt-Ebenen (siehe 4.3.1).
Seine Aufgabe ist es, aus den eingehenden und zugelassenen Pro-
grammunterbrechungen die mit der höchsten Priorität weiterzuleiten

und alle anderen bis zu ihrer prioritätsgerechten Freigabe zu
speichern.

Die Ein- und Ausgabekarten können über zwei einzeladressierbare
Wort-Puffer zu 8 Bit analog zur Einzelsignal-Verarbeitung 16
Signale übergeben. Insgesammt können über 16 Ein- und Ausgabe-
karten 256 Signale übernommen bzw. ausgegeben werden. Neben der
programmgesteuerten Datenübergabe und -aufnahme dienen diese
Ein- und Ausgaben noch der Signalentkopplung und -anpassung.

Den Aufbau des Zwei-Prozessor-Steuergeräts zusammen mit der
zugehörigen Stromversorgung in drei 19" -Einschüben verdeutlicht Bild 6/3.

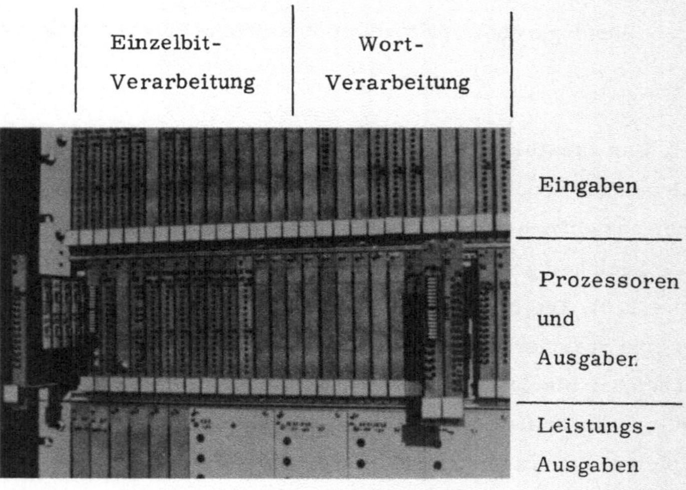

Bild 6/3: PC mit einzelbit- und wortverarbeitendem Prozessor

6.4 Programmierung des Steuergeräts

Die Programmierung der Steuerprogrammspeicher ist in der unter-
sten Stufe über das für diesen Zweck entwickelte Hand- und Loch-
streifenprogrammiergerät in der Steuergeräte-Sprache möglich.

Darauf aufbauend wurde ein Übersetzerprogramm für den einzel-
signal-verknüpfenden Prozessor auf dem Prozeßrechner AEG 60-10
entwickelt, das die Steuerprogrammerstellung anhand der symbolischen Befehle und Adressen mit einer für die Inbetriebnahme zweck-
mäßigen Dokumentation ermöglicht. Für die Korrektur des Steuerprogramms stehen die im Prozeßrechner vorhandenen Korrekturprogramme zur Verfügung. Der Nachteil dieser Lösung liegt in der
örtlichen Trennung zwischen Steuerprogrammerstellung und dem
Geräteeinsatz,der besonders in der Inbetriebnahmephase nicht zumut-
bar ist.

Eines der Hauptprobleme des zunehmenden Mikroprozessor-
einsatzes liegt eben auch in der unzureichenden oder aufwendigen
und örtlich gebundenen Software-Unterstützung. Zur Verbesserung
dieser Situation bietet die Firma Intel zur Software-Entwicklung
für ihre Mikroprozessoren komplette Mikrorechner-Systeme an.
Es handelt sich dabei um modular erweiterbare Systeme mit Mikroprozessor, Speicher sowie Ein- und Ausgabeeinheiten zur direkten
Ansteuerung einer Bedienfeld-Schreibmaschine mit Lochstreifen-
leser und -stanzer. Der Mikrorechner Intellec 8/Mod. 80 (Bild 6/4)
ist zugeschnitten auf den Mikroprozessor 8080, er verfügt zusätzlich
zum Assembler über einen residenten Monitor, der die Fehlersuche
erleichtert,und einen Texteditor zur Programmkorrektur. Ein er-
stelltes und getestetes Programm ist direkt über den Intellec in programmierbare Nur-Lese-Speicher (PROM) ablegbar.

Über diese Möglichkeit hinaus erleichtert der Cross-Assembler und Simulator sowie der PL-M Compiler die Programmentwicklung auf Time-Sharing-Terminals. Der PL-M Compiler erlaubt eine an die IBM-Entwicklung PL-1 angelehnte problemorientierte Programmierung.

Da insbesondere eine für die Programmierung des einzelbit-verarbeitenden Prozessors mitverwendbare und möglichst transportable Softwareentwicklungs- und Inbetriebnahmehilfe wünschenswert ist, wurde die Mikrocomputer-Lösung angestrebt. Um die volle Steuergeräte-Programmierung zu ermöglichen, war es noch notwendig, den auf dem Prozeßrechner AEG 60-10 lauffähigen Assembler für den einzelbit-verknüpfenden Prozessor mit Befehlsdokumentation auf den vorliegenden Mikrocomputer umzuschreiben. Darüber hinaus ermöglicht der Kleinrechner Intellec 8/Mod. 80 anhand eines selbst entwickelten Dokumentation-Programms die Stromlaufplanerstellung aus dem symbolischen Steuerprogramm des einzelbit-verknüpfenden Prozessors.

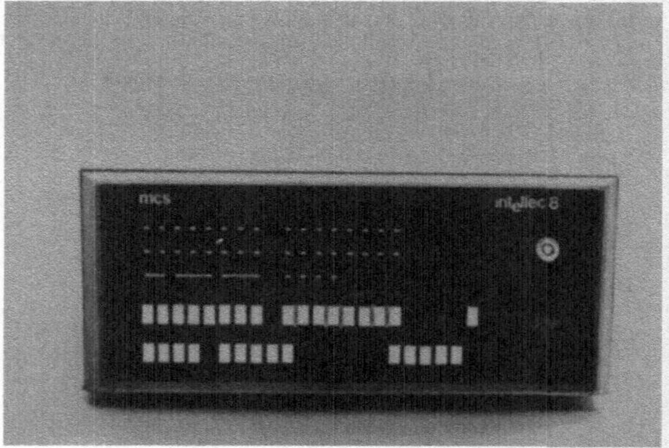

Bild 6/4: Programmiergerät Intellec 8/Mod. 80 (Werksbild Intel)

7 Auswahl programmierbarer Steuergeräte

Dem Steuerungstechniker stellt sich bei der Inangriffnahme neuer
Steuerungsprojekte sowohl im Bereich der Wort- wie der
Einzelbitverarbeitung die Frage, ob die Steueraufgabe mit
serienmäßigen Bausteinen einer Logikfamilie gelöst oder gar eine
spezielle Kunden-LSI-Schaltung vorgezogen bzw. ein speicherprogrammierbares Steuergerät verwendet werden soll. Grundsätzlich
sind Steuerungsrealisierungen über eine Logikfamilie bzw. ein
Bausteinsystem dann sinnvoll, wenn es sich um eine große Anzahl Steuerungen mit wenigen Varianten oder um eine Steuerung
mit extrem hoher Verarbeitungsgeschwindigkeit im Bereich weniger µs handelt [44]. Maßgeschneiderte Kunde-LSI-Schaltungen
eignen sich für gleiche Steuerungen in sehr großer Stückzahl ,
insbesondere wegen der reduzierten Verdrahtungskosten und dem
geringeren Volumen und Leistungsverbrauch [4] .

Die Einsatzvorteile programmierbarer Steuergeräte aufgrund ihrer
hohen Flexibilität wurden in dieser Arbeit insbesondere in Abschnitt
3.3 diskutiert, weshalb in diesem Kapitel Bewertungskriterien
für die Auswahl eines geeigneten programmierbaren Steuergeräts im Vordergrund stehen sollen.

Angenommen, für die Realisierung einer Steuerfunktion ist ein
speicherprogrammierbares Steuergerät vorteilhaft, so genügt es
nicht, einige Systemdaten, wie die Zahl und Art der Anweisungen,
die Befehlszeit oder die maximal mögliche Speicherkapazität bzw.
Ein- und Ausgabenzahl zu vergleichen. Weit wichtiger für die Bewertung der Prozessor- oder Steuergeräte-Leistung ist die
Effizienz eines jeden Befehls bzw. die benötigte Anweisungszahl
zur Beschreibung einer gewünschten Steuerfunktion sowie die
Hardware-Problemanpassung. Nicht zu vernachlässigen ist wei-

ter die Anwendungsfreundlichkeit, d.h. der systematische und
damit übersichtliche Aufbau sowohl der Hardware-Komponenten
wie des Befehlsvorrats und der Programmierung. Darüber hinaus
verkürzen leistungsfähige Programmier- und Testhilfen, insbesondere anhand eines on line-Testgerätes mit Simulationsmöglich-
keit der Systemvariablen, die Inbetriebnahmezeit. Simulations-
programme zur Nachbildung des Steuervorgangs auf einer Daten-
verarbeitungsanlage erleichtern vor allem das Austesten umfangreicher Steuerprogramme.

Die laufend sich verringernden Speicherkosten lassen einerseits
eine Orientierung an der benötigten Speicherkapazität fragwürdig
erscheinen, andererseits fallen mit den Speicherpreisen die
Prozessoraufbaukosten aufgrund neuer hochintegrierter Halbleitertechnologien, so daß die Speicherkosten auch
weiterhin stark ins Gewicht fallen. Kurze Programme verringern
jedoch zusätzlich die Abarbeitungszeit und verbessern damit das
Realzeitverhalten, so daß die benötigte Speicherkapazität in
einem Leistungsvergleich programmierbarer Steuergeräte nicht
fehlen darf.

Eine Bewertung speicherprogrammierbarer Steuergeräte nach
der Steuerbefehls-Leistung, die in der Wechselbeziehung von Registern, Verknüpfern oder Rechenwerken bzw. den Befehls-
Adressierungsarten liegt, ist anhand der Programmierung weniger repräsentativer Beispiele möglich. Schaltungsmuster eignen
sich zur Charakterisierung der logischen Einzelbit-Verarbeitung
in programmierbaren Steuerungen, hingegen sind Rechen- und
Verwaltungsprogramme bzw. oft gebrauchte Unterprogramme für
die Bestimmung der Leistungsfähigkeit von wortverarbeitenden
Prozessoren zweckmäßig.

Für die in Kapitel 5 vorgestellten programmierbaren
Steuergeräte beinhaltet Bild 7/4 einen Aufwandsvergleich für
drei markante Schaltungsmuster; ihre Leistungsfähigkeit zeigt
sich in der Steuerprogramm-Länge, den geforderten Ein- und Aus-
gabeplätzen sowie dem Zwischenspeicher bzw. der zur Abarbeitung notwendigen Zeiten. Dem ersten Beispiel liegt eine einfache
Rechts-Links-Steuerschaltung zugrunde (Bild 7/1), das zweite
beinhaltet darüber hinaus noch ein automatisches Umschalten mit
dem Erreichen der Begrenzungstaster (Bild 7/2).

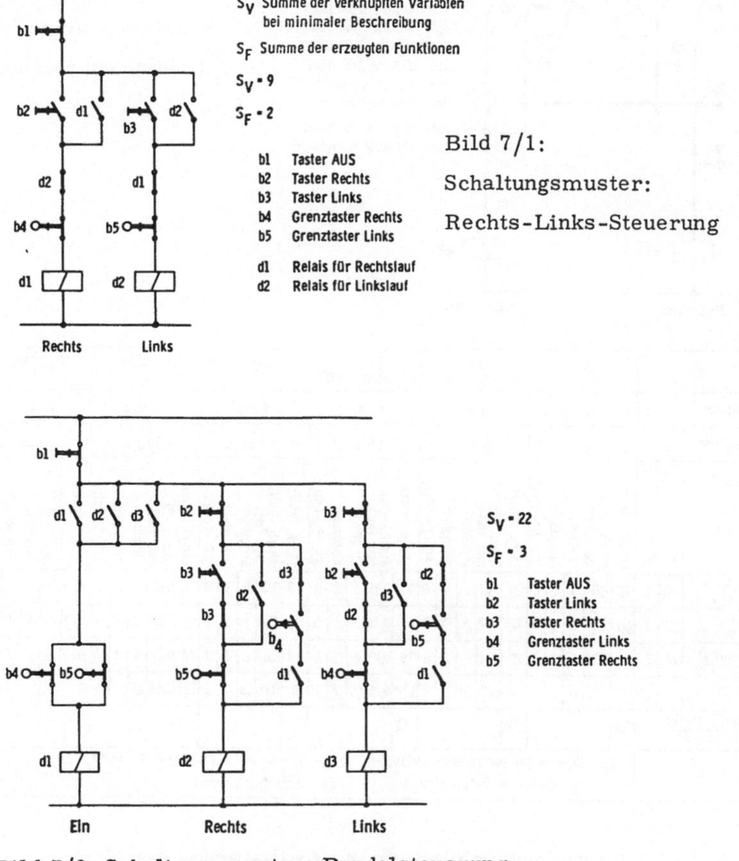

Bild 7/1:

Schaltungsmuster:

Rechts-Links-Steuerung

Bild 7/2: Schaltungsmuster: Pendelsteuerung

Als drittes Schaltungsmuster diente die Richtungssteuerung
für einen Fräsmaschinentisch (Bild 7/3).

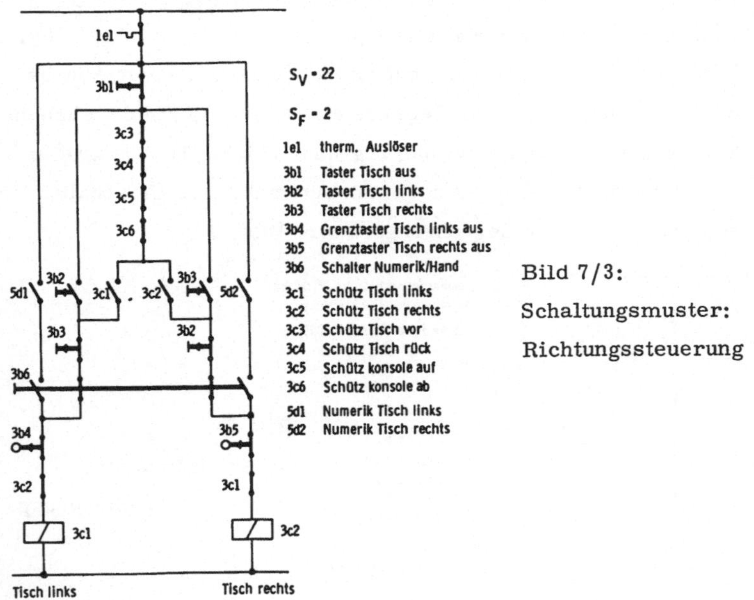

Bild 7/3:

Schaltungsmuster:

Richtungssteuerung

PC	S_V	S_F	AEG NCM					BBC procontic - S					DEC industrial 14/30					ISW PC					MODICON controller - 184					SIEMENS S 3				
Wortlänge			16 Bit					16 Bit					12 Bit					8 Bit					16 Bit					16 Bit				
Befehlszeit			3,2 µs					5 µs					2,5 µs					1,5 µs					10 µs					4 µs				
Programm			Länge (Byte)	Abarb.-Zeit max (ms)	Eingaben	Ausgaben	ZF.-Speicher	Länge (Byte)	Abarb.-Zeit max (ms)	Eingaben	Ausgaben	ZF.-Speicher	Länge (Byte)	Abarb.-Zeit max (ms)	Eingaben	Ausgaben	ZF.-Speicher	Länge (Byte)	Abarb.-Zeit max (ms)	Eingaben	Ausgaben	ZF.-Speicher	Länge (Byte)	Abarb.-Zeit max (ms)	Eingaben	Ausgaben	ZF.-Speicher	Länge (Byte)	Abarb.-Zeit max (ms)	Eingaben	Ausgaben	ZF.-Speicher
Li.-Re.-Steuerung	9	2	28	0,04	5	2	0	28	0,07	5	2	0	30	0,05	5	2	0	18	0,03	5	2	0	24	0,12	5	2	2	24	0,05	5	2	0
Pendel-Steuerung	22	3	60	0,10	5	3	0	72	0,18	5	3	2	63	0,10	5	3	0	40	0,06	5	3	0	48	0,24	5	2	6	66	0,13	5	3	0
Richtungs-Steuerung	22	2	58	0,08	6	2	1	72	0,18	6	2	6	79	0,13	6	2	1	44	0,07	6	2	1	54	0,27	6	2	7	66	0,13	6	2	1
Σ	53	7	146	0,22	16	7	1	172	0,43	16	7	8	172	0,28	16	7	1	102	0,16	16	7	1	126	0,63	16	7	15	156	0,31	16	7	1
$\frac{\Sigma \text{ Länge (Byte)}}{\Sigma (S_V \cdot S_F)}$			2,4					2,9					2,9					1,7					2,1					2,6				

S_V Summe der verknüpften Variablen, bei minimaler Beschreibung
S_F Summe der erzeugten Funktionen
ZF Zwischenfunktion

Bild 7/4: Aufwandsvergleich für die Realisierung der drei
Schaltungsmuster

Die Aussagefähigkeit des Aufwandvergleichs in Bild 7/4 darf

nicht überbewertet werden, da er nur unvollkommen das Feld der

hier angesprochenen Maschinensteuerungsaufgaben repräsentiert; er

kann aber in diesem Umfang durchaus der Vorauswahl dienen. Auf-

grund einer breiter angelegten Untersuchung, z.B. anhand der Pro-

grammierung einer gesamten Maschinensteuerung sollte dann eine

Entscheidung unter Einbeziehung des Geräteaufbaus, der verfügba-

ren Programmierungs- und Testhilfen sowie der Gerätekosten an-

gestrebt werden. Eine elegantere, dafür nicht so aussagefähige

Leistungsvergleichs-Möglichkeit, zugeschnitten auf wortverar-

beitende Echtzeit-Steuergeräte beinhaltet [49] in einer Abwand-

lung des Gibson-Mix. Die vorgeschlagene Abschätzung beruht auf

der Summe gewichteter Systemdaten, klassifiziert in die arithme-

tische und die organisatorische Leistungsfähigkeit sowie die Ein-

und Ausgabemöglichkeit. Generelle Bewertungsfaktoren sind Wort-

zeit u_1, Wortlänge u_2 und die Zahl der Akkumulator- bzw. Index-

register u_3. Die Befehlseigenschaften selbst fließen über eine

größere Zahl geschätzter Parameter in die Bewertung ein. Die

in [49, S.134] vorgeschlagene Summenformel der gewichteten

Parameter zur Abschätzung der arithmetischen Leistungsfähig-

keit ist in Bild 7/5 angegeben. Sie unterscheidet sich von der

Berechnungsformel der Ein- bzw. Ausgabe und der organisatori-

schen Möglichkeiten lediglich in den geschätzten Leistungsfaktoren

der jeweils spezifischen Befehlsgruppen.

Die Unsicherheit dieser schnell durchführbaren Bewertung grün-

det in den geschätzten Befehlseigenschaften und in der anwendungs-

orientierten Gewichtung. Weiter bleibt die Systemsoftware und

die Verwendungsmöglichkeit peripherer Geräte unberücksichtigt.

Vergleiche dieser Art finden besonders zur Abschätzung der Pro-

zessorleistungsfähigkeit für Entwickler kleinerer Steuergeräte im

Entwurfsstadium Verwendung. Trotzdem erscheint eine derartige

Leistungsabschätzung aufgrund ihrer einfachen Durchführung
und Erweiterungsfähigkeit auch für die Auswahl einer speicher-
programmierbaren Steuereinheit sehr nützlich.

$$R_A = 0,25 \cdot u_1^{-\frac{1}{m_1}} \cdot u_2^{\frac{1}{m_2}} \cdot u_3^{\frac{1}{m_3}} \left[m_4 \cdot V_1 + m_5 \cdot V_6 + m_6 \cdot V_7 + m_7 \cdot W_1 + m_8 \cdot Y \right]$$

Generelle Bewertungsfaktoren		Geschätzte Leistungsparameter der		ganzzahlige Gewichtungsfaktoren
u_1	Wortzeit in µs	V_1	Arithmetischen Befehle	$m_1 \ldots m_8$
u_2	Wortlänge in Bit	V_6	Transportbefehle zur Arithmetischen Verarbeitung	
$u_?$	Zahl Akkumulatoren und Indexregister	V_7	Vergleichsbefehle	
		W_1	Adressierungsmöglichkeiten	
		Y	Zahl der Zyklen zur Befehlsausführung	

Bild 7/5: Summenformel zur Abschätzung der arithmetischen
Leistungsfähigkeit eines Prozessors

Zusammenfassend soll hier noch einmal hervorgehoben werden, daß
nur eine sorgfältige Betrachtung der gesamten Steuergeräte-Eigen-
schaften gemessen an den Erfordernissen die Auswahl eines wirtschaftlich einsetzbaren Steuersystems ermöglicht.
Grundsätzlich sollte man sich mit dem Einsatz programmierbarer
Steuergeräte auch darüber im klaren sein, daß ihre Flexibilität
zwangsläufig höhere Gerätekosten bedingt, denen eine vereinfachte
Projektierung, Inbetriebnahme und Wartung gegenübersteht.
Auch darf nicht übersehen werden, daß die Projektierung trotz
der verschiedenen Rechnerhilfen einen beachtlichen, jedoch
im Vergleich zu einer konventionellen Lösung geringeren Personal-
aufwand verursacht.

8 Ausgeführte Steuerungen

Drei prinzipielle Anwendungen der vorgestellten Eigenentwicklungen liegen diesem Kapitel zugrunde. Den Einsatz des auf logische Einzelbit-Verarbeitung abgestimmten programmierbaren Steuergeräts als Sondermaschinensteuerung verdeutlicht das erste Beispiel. Das zweite Beispiel beinhaltet mit der Verwaltung einer flexiblen Werkzeugplatzcodierung eine mögliche Teilaufgabe eines wortverarbeitenden Prozessors. Die Positionierung und Überwachung des Regalfahrzeugs und die Steuerung der Ein- bzw. Auslagerbereiche eines Hochregallagers im dritten Beispiel demonstriert eine der möglichen vorteilhaften Anwendungen des vorgestellten Zweiprozessor-Steuergeräts mit Einzelbit- und Wortverarbeitung.

8.1 Sondermaschinensteuerung

Als Sondermaschinensteuerungen sind programmierbare Steuergeräte nahezu ideal, insbesondere wegen der notwendigen hohen Flexibilität sowie des einheitlichen und damit wirtschaftlichen Steuergeräteaufbaus.

Bei der vorliegenden Sondermaschine handelt es sich um eine Revolver-Bohrmaschine mit Bohrköpfen (Bild 8/1). Diese Bohrkopf-Revolver-Bohrmaschine besteht im wesentlichen aus drei Rundtisch-Stationen, von denen Station I und II der Bohrkopfaufnahme und die feststehende mittlere Station III der Werkstückaufnahme dient. Die auf Paletten gespannten Werkstücke gelangen automatisch durch den Palettenwechsler vom Spannplatz auf die Station III und wieder zurück.

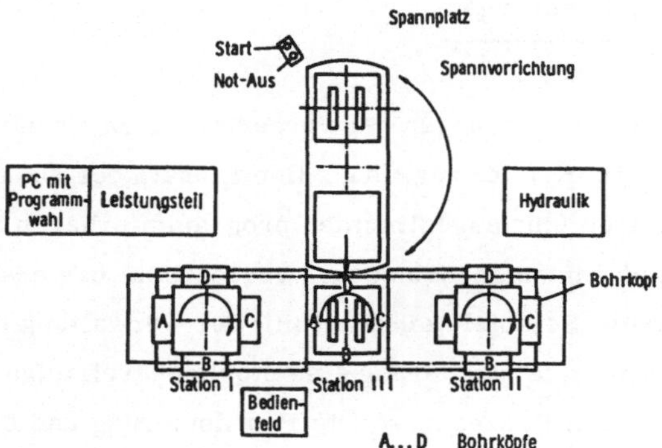

Bild 8/1: Prinzipaufbau der Bohrkopf-Revolver-Bohrmaschine

Die Zahl sinnvoller Bearbeitungsprogramme läßt sich mit einer
der Bearbeitung entsprechenden Bohrkopf-Anordnung auf vier generelle Programme reduzieren (Bild 8/2), die lediglich als Parameter noch die verwendeten Bohrköpfe pro Station beinhalten.

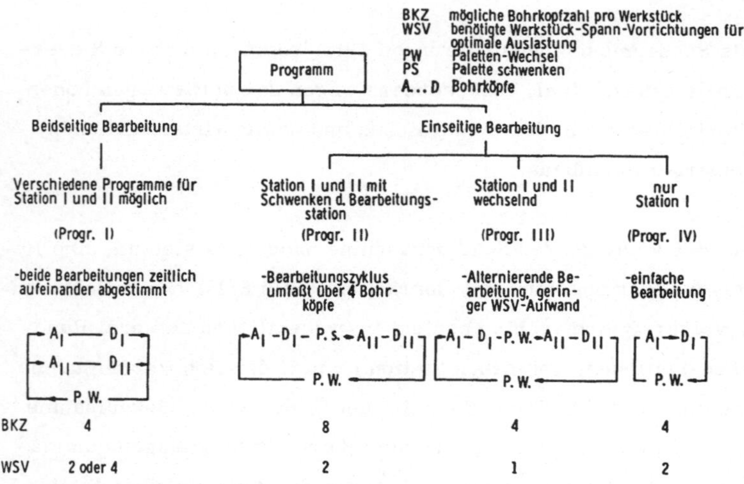

Bild 8/2: Bearbeitungsprogramme der Bohrkopf-Revolver-
Bohrmaschine

Die variierbaren geometrischen und technologischen Größen bestimmt
ein den Bohrköpfen zugeordnetes Nockenfeld .

Das entworfene Steuerprogramm basiert auf einer Reihe von Unterroutinen, wie Bohrkopf schwenken oder Paletten wechseln, die in
den vier Bearbeitungsprogrammen entsprechend dem geforderten
Zyklus ausgewählt werden . Die im ersten Entwurfsschritt ermittelten Unterroutinen in Kontaktlogik ergaben entsprechend verknüpft
den gesamten Kontaktschaltplan, der wiederum Basis für das Steuerprogramm war. Die Hauptschwierigkeiten des Entwurfs erwuchsen
aus den Handbetriebsarten bzw. den darin geforderten Teilabläufen.
Die Steuerprogrammerstellung aus dem Stromlaufplan bzw. den
Boole'schen Gleichungen war aufgrund der Assemblerhilfe unproble-
matisch, hingegen forderte das Austesten der Steuerfunktionen
neben der Kenntnis der Steueraufgabe vom Inbetriebnehmenden einen
gewissen Überblick über die Steuergerätefunktion. In der Programm-
testphase erwies sich die umfassende Signalanzeige und insbesondere der vorgebbare Hardware-Programmstop als sehr nützlich.

Den zur Realisierung der Sondermaschinensteuerung benötigten
Hardware- und Software-Aufwand faßt Bild 8/3 zusammen; der
enthaltene hohe Anteil absoluter Befehle ist in der engen Vermaschung der Unterroutinen und in dem geringen Decodieraufwand
begründet. Trotzdem liegt das Verhältnis der benötigten Programmspeicherkapazität zu der Summe der verknüpften Variablen bei
minimaler Beschreibung und der erzeugten Funktion nach Bild 7/4
günstig.

Die gesamte Steueraufgabe belegt in der Eingabenzahl und der Programmspeicherkapazität (wie Bild 8/3 zeigt) in etwa den halben
Steuergeräteausbau, so daß für Zusatzfunktionen wie den angestrebten automatischen Bohrkopf-Wechsel genügend Reserve vorhanden
ist.

Hardware-Aufwand:

Eingaben	135
Zwischenfunktions-Speicher	49
Ausgaben	78
(davon 31 Logik-, 47 Leistungsausgaben und 2 Zeitfunktionen)	

Software-Aufwand:

Verknüpfungs-Befehle		302
Abfrage-Befehle einfach absolut		431
Abfrage-Befehle einfach relativ		542
Abfrage-Befehle mehrfach relativ		61
Ausgabe-Befehle absolut		57
Ausgabe-Befehle relativ		68
Organisationsbefehl		87
Summe der Befehle	S_B	1548
Summe der Speicherplätze in Byte	S_{Byte}	1940
Zykluszeit $\quad t_{Zyk} = S_{Byte} \cdot t_{Byte}$		2,9 ms
t_{Byt} Verarbeitungszeit für ein Byte		1,5 µs

Summe der verknüpften Variablen
bei minimaler Beschreibung S_V
und Summe der erzeugten logischen
Funktionen S_F $\qquad\qquad S_V + S_F \qquad$ 1402

$$\frac{S_{Byte}}{S_V + S_F} = \frac{1940}{1402} = 1,37$$

Bild 8/3: Hardware- und Software-Aufwand zur Steuerung der
Bohrkopf-Revolver-Bohrmaschine

8.2 Flexible Werkzeugplatzcodierung

Die Leistungsfähigkeit des automatischen Werkzeugwechsels ist
ein gewichtiges Kriterium für den wirtschaftlichen Einsatz von
Bearbeitungszentren. Eine Puffer- oder Lagerspeicherung erlaubt zusammen mit einer geeigneten Codierung, die Werkzeuge
während der Hauptzeit in eine wechselgünstige Position zu bringen,
um die als Nebenzeiten erscheinenden Wechselzeiten klein zu
halten [41].

Werkzeuge lassen sich über die Anordnung entsprechend ihrer
Einsatzreihenfolge oder durch Codierung identifizieren. Die

erste Möglichkeit fordert einen geringen Steuerungsaufwand, jedoch müssen Werkzeuge, die mehrmals gebraucht werden, auch mehrfach vorhanden sein. Die Identifizierung der Werkzeuge durch Codierung erfolgt anhand der Platz- oder Werkzeugcodierung. Bei der Werkzeugplatzcodierung unterscheidet man die freie und feste Platzcodierung. Darüber hinaus ermöglicht ein Pufferspeicher mit Speicherung der letzten Platznummer das Suchen und Rücklegen eines Werkzeugs während der Hauptzeit. Dem Werkzeug bzw. seinem Halter ist der Code bei einer Werkzeugcodierung zugeordnet. Sie gestattet eine beliebige Bestückung bzw. eine mit dem Wechselvorgang verbundene Umordnung, wodurch die Rücklegezeit entfällt.

Ist jedoch zur Werkzeugbereitstellung ein Rechner bzw. wie hier angestrebt ein wortverarbeitender Prozessor mit verwendbar, so erweist sich eine flexible Werkzeugplatzcodierung als besonders günstig, da sie die Vorteile der Werkzeug- und Platzcodierung in sich vereint (Bild 8/4).

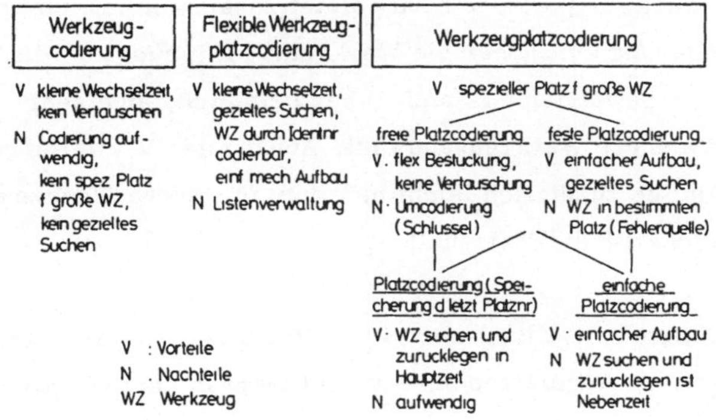

Bild 8/4: Werkzeugidentifizierungs-Möglichkeit durch Codierung

Beim Einsetzen der Werkzeuge in den Werkzeugspeicher wird hier über ein Ladeprogramm die Nummer des Werkzeugs in den vorge-

sehenen Listenplatz eingetragen. Durch die freie und leicht veränderbare Zuordnung der Werkzeuge zu den Speicherplätzen in
der Verwaltungsliste läßt sich ein Werkzeug an jeden beliebigen
Platz zurücklegen oder umordnen. Dabei wird dessen Werkzeug -
nummer in den zugeordneten neuen Listenplatz eingetragen und
auf dem bisherigen gelöscht.

Steht ein Werkzeugwechsel an, so ermittelt die Steuereinheit die
Differenz zwischen der momentanen und der geforderten Speicher-
stellung. Je nach dem kürzesten Abstand kann dann die Drehrich-
tung vorgegeben, d.h. eine gezielte Ansteuerung der Wechsel-
position realisiert werden. Darüber hinaus bietet diese Codierungs-
art bei entsprechender Organisation die Möglichkeit der Optimierung der Werkzeuganordnung im Speicher. Die Codierung
der Werkzeugspeicher-Plätze kann grundsätzlich absolut oder
auch inkrementell über einen Zähler erfolgen, der in der Null-
stellung überprüft wird.

Die flexible Werkzeugplatzcodierung bietet zusammen mit einer
Werkzeugcodierung evtl. über die Werkzeug-Identnummer, die
lediglich im ausgewählten Zustand lesbar sein muß, eine sehr
schnelle und sichere Werkzeugauswahl. Anhand des Verwaltungs-
programms ist es zusätzlich leicht möglich, für große Werkzeuge
mehrere Speicherplätze freizuhalten.

Den prinzipiellen Verwaltungsablauf und Programmaufwand für
eine flexible Werkzeugplatzcodierung realisiert in dem vorgestellten wortverarbeitenden Mikroprozessor zeigt Bild 8/5.

Daß ein schnellerer und störungssicherer automatischer Werkzeugwechsel nützlich ist und durchaus die Wirtschaftlichkeit von Bearbeitungszentren zu erhöhen vermag, verdeutlichte die Unter-

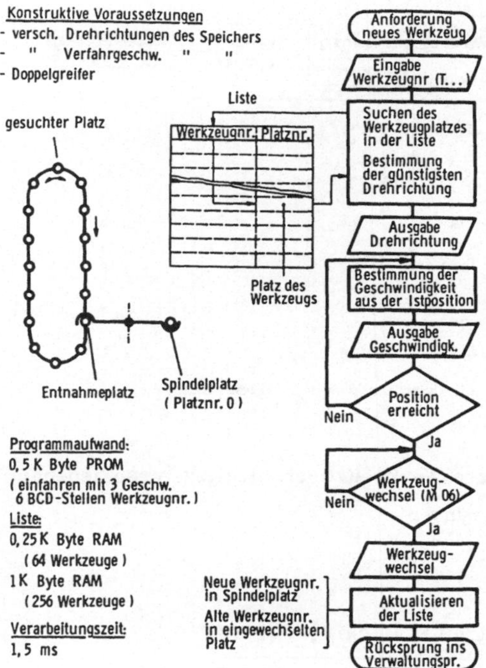

Bild 8/5: Verwaltungsablauf und Programmaufwand für eine
flexible Werkzeugplatzcodierung

suchung einer hoch automatisierten Fertigung. Sie ergab einen
unerwartet hohen Anteil an werkzeugwechselbedingten Nebenzeiten
von 13 % bezogen auf die Betriebszeit (3-Schichtbetrieb) [9].
Dieser hohe Nebenzeitanteil ist zum einen in dem zu spät erfolg-
ten Aufruf des neuen Werkzeugs und zum anderen in den Such- und
Ablegevorgängen bzw. in den aufwendigen Wechselbewegungen begründet.

Die mittleren Werkzeugwechselzeiten in Bild 8/6 der verschiedenen
Codierungen verdeutlicht die zeitlichen Vorteile der flexiblen
Platzcodierung, die sicherlich mit der zunehmenden Verfügbarkeit von preisgünstigen wortverarbeitenden Prozessoren immer
mehr Bedeutung erlangt.

Codierung mittlere Zeiten	Werkzeugplatzcodierung		Werkzeug- codierung	flexible Werkzeug- platzcodierung
	einfach	Speicherung der letzten Platznr		
Suchzeit	$\frac{t_U}{2}\left(\frac{t_U}{4}\right)^{1)}$	$\frac{t_U}{2}\left(\frac{t_U}{4}\right)^{1)}$	$\frac{t_U}{2}$	$\frac{t_U}{4}$
Rücklegzeit	$\frac{t_U}{2}\left(\frac{t_U}{4}\right)^{1)}$	$\frac{t_U}{2}\left(\frac{t_U}{4}\right)^{1)}$	0	0
Wechselzeit	t_W	t_W	t_W	t_W
Nebenzeit (nach längerer Bearbeitung)	$t_U + t_W$	t_W	t_W	t_W
Nebenzeit (bei sehr kurzer Bearbeitung)	$t_U + t_W$	$t_U + t_W$	$\frac{t_U}{2} + t_W$	$\frac{t_U}{4} + t_W$

t_U = Umlaufzeit d. Speichers   1) gezieltes Suchen

Bild 8/6: Mittlere Werkzeugwechselzeiten verschiedener
              Codierungen

8.3 Steuerung eines Hochregallagers

Die fortschreitende Automatisierung der Fertigung erbringt wachsende Produktionsmengen verbunden mit einer beschleunigten Rohpro-
dukt-Zuführung. Diesen stetig wachsenden Materialfluß kann nur
ein Lager- und Transportsystem wirtschaftlich bewältigen, das im
Automatisierungsgrad der Produktion angepaßt ist.

In der Lagertechnik erfüllt das Hochraumlager wie kein anderes
die Forderungen an die Leistungsfähigkeit und Wirtschaftlichkeit.
Es bietet bei einer kurzen Zugriffszeit eine optimale Raumaus-
nutzung durch den sehr hohen wabenförmigen Regalaufbau bis zu
40 m. In den Lagergängen fahren automatisch gesteuerte Regal-
fahrzeuge RFZ, die das Lagergut ein- und auslagern (Bild 8/7).
Ein zugeordnetes Steuerungssystem hat dafür zu sorgen, daß die
erforderlichen Vorgänge folgerichtig, sicher und schnell ablaufen.

Bild 8/7: Hochregallager mit Regalfahrzeug (RFZ)
(Werksbild H. Fehr GmbH)

Bei dem zu steuernden Hochregallager handelt es sich um ein Stangenmaterial-Lager, das der Rohmaterialpufferung und gezielten Versorgung einer Fertigung mit Drehautomaten dient. Den Kern des Lagers bilden zwei durch den Regalfahrzeuggang getrennte Regalzeilen, die quer zum Gang Langgut-Kassetten bis zu 6 m Länge aufnehmen. Das rund 70 m lange, 20 m breite und 8 m hohe Lager faßt über 2000 Kassetten mit einem jeweils auf 5 t begrenzten Einlagergewicht (Bild 8/8).

Das RFZ verfährt auf am Boden verlegten Schienen, angetrieben durch eine Asynchron-Maschinen-Kombination mit drei abgestuften Fahrgeschwindigkeiten 2,5 ; 25 und 100 m/min. Der am Regalfahrzeug geführte Lastaufnahme-Doppeltisch mit 5 t Tragkraft

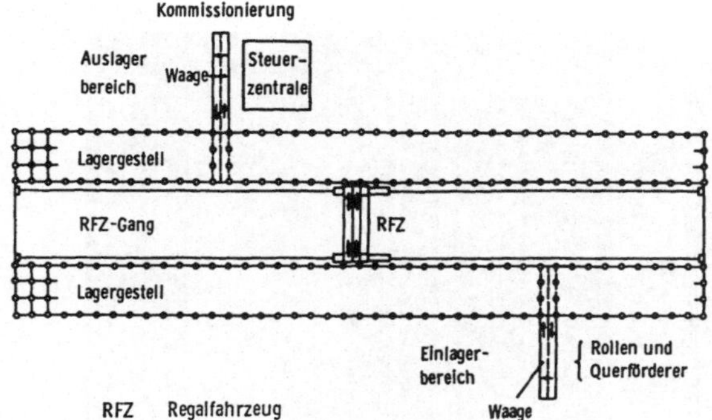

Bild 8/8: Prinzipaufbau des Hochregallagers für Stangenmaterial

verfügt über einen im Kranbau üblichen Hubwerksantrieb aus
einer Asynchron-Maschine mit Schleifringläufer und angebautem
Bremsgenerator. Die Hub- und Senkgeschwindigkeiten sind 1,5
und 16 m/min. Das Ein- und Auslagern der Lagerkassetten be-
sorgen den Tischeinheiten zugeordnete Ausziehvorrichtungen. Die
Übergabe des Lagerguts von der Einlagerstrecke in das Lager bzw.
vom Lager an den Auslagerbereich erfolgt über Rollen- und Quer-
förderschleifen, die über je zwei Kassetten-Lagerplätze mit dem
Lager verbunden sind.

Das Steuer- und Verwaltungssystem dieses Lagers ist weitgehendst
aus autonomen dezentralen Einheiten aufgebaut, um die hier geforderte Verfügbarkeit zu gewährleisten (Bild 8/9).

Dem RFZ sowie dem Ein- bzw. Auslagerbereich sind einzelne
von Hand bedienbare Leistungsteile zugeordnet, deren Ansteuersignale im Automatikbetrieb von der übergeordneten programmierbaren Steuerung vorgegeben werden. Ist der Automatikbetrieb gestört, kann der Ein- bzw. Auslagerbereich im Handbetrieb gefahren bzw. das RFZ über eine Zweihandbedienung vom
Fahrzeug aus manuell positioniert werden.

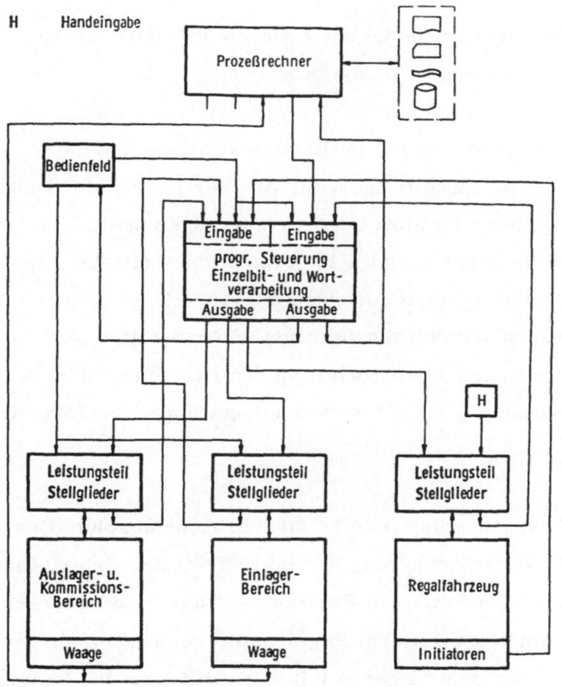

Bild 8/9: Blockschaltbild des Hochregallager-Steuersystems

Aufgabe der Leistungsteile ist die Aufbereitung, d.h. die
Verriegelung, Überwachung und Verstärkung der Ansteuersignale
im Automatik- und Handbetrieb zu eindeutigen Motorstellsignalen.

Die übergeordnete Steuerebene bildet die in den Kapiteln 5 und 6 vorgestellte programmierbare Steuerung mit einzelbit- und wortverarbeitendem Prozessor. Die spezifischen Steueraufgaben des einzelbitverarbeitenden Prozessors liegen in der Verknüpfung logischer Variablen aus dem wortverarbeitenden Prozessor bzw. dem
Bedienpult zu den Ansteuersignalen der Stellglieder. Der wortverarbeitende Prozessor steuert und überwacht die Positionierung

des Regalfahrzeugs und verbindet das programmierbare Steuergerät mit dem übergeordneten Prozeßrechner.

Aufgabe des Prozeßrechners ist die Lagerverwaltung und die
Organisation der Ein- und Auslagerung. Aus der Lageranforderung
und der Belegungsliste ermittelt der Prozeßrechner den Lager-
vorgang und gibt die anzufahrenden Lagerpositionen mit der Ein-
bzw. Auslageranweisung an die programmierbare Steuerung
weiter. Zur Überprüfung der angefahrenen Lagerposition in-
formiert die programmierbare Steuerung den Prozeßrechner,
der bei Übereinstimmung die Kasetteneinlagerung oder -entnahme
erlaubt.

Grundlage der Positionierung ist eine fachbezogene absolute Dual-
codierung mit Paritätsabsicherung und inkrementeller Unterteilung der
Fachpositionen. Die horizontalen Positions-, Takt- und Vorabschalt-
Kennungsträger sind fest mit dem Regalgestell verbunden, die
vertikalen Kennungsträger hingegen mit dem RFZ. Am RFZ bzw.
an seinem Hubwagen befestigte Schlitzinitiatoren übermitteln die
Kennungsträger-Information interruptgesteuert an den wortverarbeitenden Prozessor. Aufgabe des Positionierprogramms im
programmierbaren Steuergerät ist es dann, aus dem Soll-Ist-
wertvergleich die Fahr- bzw. Abbremsbefehle abzuleiten, wobei
besonders im Teilprogramm des Fahrwerks aus Zeitgründen darauf zu
achten war, daß die Abbremswegschwankungen aus dem unterschiedlichen Fördergewicht bei möglichst hoher Geschwindigkeit ausgeglichen
werden, um eine minimale Einfahrtstrecke im Schleichgang zu erhalten.

Die im einzelbitverarbeitenden Prozessor des programmierbaren
Steuergeräts realisierten Steuerfunktionsgruppen dienen der folge-
richtigen Ansteuerung und Überwachung der Rollen- und Quer-
förderer im Ein- und Auslagerbereich, der Fahr- und Hubbe-

wegung des RFZ und der Kassetten-Ausziehvorrichtung auf
dem RFZ-Hubtisch.

Die in Abschnitt 3.3 aufgeführten Eigenschaften programmierbarer Steuergeräte, insbesondere ihre hohe Flexibilität in der
Steuerfunktion bzw. der Erweiterungsmöglichkeit sind für diesen
Anwendungsfall von großem Vorteil, da die Steueraufgaben in
ihrer Gesamtheit nicht testbar und Steuererfahrungen nur für
Teilaufgaben vorliegen. Programmierbare Steuerungen bieten
hier auch im Fall einer nachträglichen Erweiterung oder grundsätzlichen Veränderung der Steueraufgabe erhebliche Vorzüge
gegenüber konventionellen Steuerungen.

Die eingesetzte erweiterte programmierbare Steuerung ermöglicht eine der Steueraufgabe angepaßte und dadurch minimale
Realisierung im einzelbit- oder wortverarbeitenden Prozessor,
wodurch nicht zuletzt die Steueraufgaben-Aufteilung die Über-
schaubarkeit erhöht und die Fehlersuche vereinfacht.

Die im Bereich numerisch gesteuerter Werkzeugmaschinen vorhandenen Lösungen und Erfahrungen, besonders aus dem Posi-
tionier- und Lageregelbereich, sollten in Zukunft verstärkt
unter Berücksichtigung der im Lagerwesen erforderlichen Ge-
schwindigkeiten, Positioniergenauigkeiten und konstruktiven Aus-
führungen in die automatische Lagertechnik einfließen. Eine engere
Bindung zwischen der Fertigungs- und der Lagertechnik, wie sie
hochautomatisierte Fertigungen und insbesondere flexible
Fertigungssysteme bedingen, dürften diesen steuerungstechni-
schen Erfahrungsaustausch beschleunigen.

9 Zusammenfassung

In der vorliegenden Arbeit wurden die Probleme aufgezeigt, die beim Entwurf bzw. der Auswahl einer programmierbaren Steuerung für Fertigungseinrichtungen entstehen. Um optimale Steuerungslösungen zu erhalten, ist es notwendig, in der Funktion angepaßte und doch ausreichend flexible Steuergeräte mit einer leicht erlernbaren, wie an die üblichen Schaltungsentwurfsergebnisse angelehnten Steuerungsbeschreibung zu entwickeln bzw. einzusetzen.

Der erste Teil verdeutlicht den aus heutiger Sicht anzustrebenden strukturellen Aufbau umfassender Steuerungen mit ihrer Gliederung in einzelne Steuerebenen. Daran anschließend werden die verschiedenen elektronischen Steuerungsrealisierungen und ihre Einsatzgebiete von der einfachen Steuerlogik bis zur Prozeßrechner-Lösung aufgezeigt.

Die Entwicklungsgrundlagen programmierbarer Steuerungen aus der Halbleiter- und der Rechnertechnik bilden die Basis für das Arbeitsprinzip und den strukturellen Aufbau. Die grundsätzlichen Vorzüge dieser Steuerungen, insbesondere ihre hohe Flexibilität, bestimmen das Einsatzgebiet, das seinerseits den allgemeinen Aufbau einschränkende Forderungen zu in der Funktion angepaßten und damit wirtschaftlichen Steuergeräten stellt.

Den derzeitigen Entwicklungsstand programmierbarer Steuerungen verdeutlichen einige wesentliche Steuergeräte-Ausführungen.

Die hier vorgestellte und im industriellen Einsatz erprobte eigene programmierbare Steuergeräte-Entwicklung, angepaßt an die Funktionssteueraufgaben der Fertigungstechnik, ist das Ergebnis umfangreicher Steuerungsuntersuchungen.

Der Ausbau des einzelbitverarbeitenden Steuergeräts durch einen
wortverarbeitenden Steuergeräteteil für umfangreiche Informationsverarbeitung stellt eine grundsätzliche Erweiterung programmierbarer Steuerungen zu in der Funktion angepaßten Mehr-
fach-Prozessor-Steuergeräten dar.

Auswahlmöglichkeiten programmierbarer Steuergeräte anhand
von Leistungsabschätzungen stehen zusammen mit der Beschreibung von drei ausgeführten markanten Steuerungsbei-
spielen am Schluß dieser Arbeit.

Berichte aus dem Institut für Steuerungstechnik der Werkzeugmaschinen und Fertigungseinrichtungen der Universität Stuttgart

Herausgegeben von Prof. Dr.-Ing. G. Stute

ISW 1 **Numerische Bahnsteuerung**
Beitrag zur Informationsverarbeitung und Lageregelung
Von Dr.-Ing. **Dietmar Schmid**,
1972, 89 S. mit 44 Bildern
ISBN 3-540-05834-6,
ISBN 0-387-05834-6
Kart. DM 24,—

ISW 2 **Fräsbearbeitung gekrümmter Flächen**
Flächenbeschreibung, Programmierung und Fertigung
Von Dr.-Ing. **Horst Schwegler**,
1972, 111 S. mit 36 Bildern
ISBN 3-540-05835-4,
ISBN 0-387-05835-4
Kart. DM 24,—

ISW 3 **Numerisch gesteuerte Mehrachsenfräsmaschinen**
Fräsbahnabweichungen aufgrund der Kinematik und Interpolation
Von Dr.-Ing. **Jörg Eisinger**,
1972, 90 S. mit 45 Bildern
ISBN 3-540-05836-2,
ISBN 0-387-05836-2
Kart. DM 24,—

ISW 4 **Rechnersteuerung von Fertigungseinrichtungen**
Beitrag zur Automatisierung der Fertigung durch den Einsatz von Digitalrechnern
Von Dr.-Ing. **Rainer Nann,**
1972, 125 S. mit 45 Bildern
ISBN 3-540-05911-3,
ISBN 0-387-05911-3
Kart. DM 36,—

ISW 5 **Zweiachsige Nachformeinrichtungen**
Untersuchung der Lageregelung bei einem stetigen System
Von Dr.-Ing. **Gerhard Augsten**,
1972, 140 S. mit 71 Bildern
ISBN 3-540-05912-1,
ISBN 0-387-05912-1
Kart. DM 36,—

ISW 6 **Die Automatisierung der Fertigungsvorbereitung durch NC-Programmierung**
Von Dr.-Ing. **Bernhard Karl**,
1972, 121 S. mit 44 Bildern
ISBN 3-540-05913-X,
ISBN 0-387-05913-X
Kart. DM 30,—

ISW 7 **NC-Programmiersystem**
Beitrag zur numerischen Verarbeitung eines geometrischen Werkstückbeschreibungssystems
Von Dr.-Ing. **Helmut Eitel**,
1973, 117 S. mit 49 Bildern
ISBN 3-540-05914-8,
ISBN 0-387-05914-8
Kart. DM 30,—

ISW 8 **Numerische Bahnsteuerung zur Erzeugung von Raumkurven auf rotationssymmetrischen Körpern**
Von Dr.-Ing. **Eckard Knorr**,
1973, 130 S. mit 57 Bildern
ISBN 3-540-06464-8,
ISBN 0-387-06464-8
Kart. DM 36,—

ISW 9 **Viskohydraulischer Vorschubantrieb**
Entwicklung und Erprobung
Von Dr.-Ing. **Siegfried Bumiller**,
1974, 123 S. mit 66 Bildern
ISBN 3-540-06885-6,
ISBN 0-387-06885-6
Kart. DM 36,—

ISW 10 **Grenzregelung an Werkzeugmaschinen**
Beitrag zur Auslegung und Bewertung von ACC-Systemen
Von Dr.-Ing. **Klaus Maier,**
1974, 140 S. mit 68 Bildern
ISBN 3-540-06886-4,
ISBN 0-387-06886-4
Kart. DM 40,—

ISW 11 NC-Programmierung
Rechnerunterstützte Auswahl
von Fräswerkzeugen
Von Dr.-Ing. **Joos Waelkens,**
1974 , 160 S. mit 69 Bildern
ISBN 3-540-07059-1,
ISBN 0-387-07059-1
Kart. DM 44,–

**ISW 12 Rechnerdirektsteuerung von
Fertigungseinrichtungen**
Beitrag zur Systematik und
Auslegung
Von Dr.-Ing. **Erich Bauer,**
1975, 138 S. mit 66 Bildern
ISBN 3-540-07352-3,
ISBN 0-387-07352-3
Kart. DM 40,–

**ISW 13 Entwurf und Struktur-
theorie von Steuerungen
für Fertigungseinrichtungen**
Von Dr.-Ing. **Herbert König,**
1976, 206 S. mit 66 Bildern
ISBN 3-540-07669-7,
ISBN 0-387-07669-7
Kart. DM 58,–

ISW 14 Fünfachsiges NC-Fräsen
Beitrag zur Technologie, Teile-
programmierung und Postpro-
zessorverarbeitung
Von Dr.-Ing. **Herbert Damsohn,**
1976, 143 S. mit 70 Bildern
ISBN 3-540-07670-0,
ISBN 0-387-07670-0
Kart. DM 38,–

ISW 15 Programmierbare Steuerungen
Beitrag zur Struktur und zum
Aufbau
Von Dr. Ing. **Hans Jetter,**
1976, 141 S. mit 53 Bildern und
7 Tabellen
ISBN 3-540-07884-3
ISBN 0-387-07884-3
Kart. DM 40,–

In Vorbereitung:

**ISW 16 Fünfachsiges NC-Fräsen
gekrümmter Flächen**
Beitrag zur numerischen Flächen-
darstellung, Programmierung und
Fertigung
Von Dipl.-Ing. **Hermann Henning,**
1976, 180 S. mit 90 Bildern

Springer-Verlag
Berlin · Heidelberg · New York